生活观察图鉴

中国常见昆虫观察图鉴

汪阗 编著

人民邮电出版社
北京

图书在版编目（CIP）数据

中国常见昆虫观察图鉴 / 汪阗编著. -- 北京 : 人民邮电出版社, 2024.5
（生活观察图鉴）
ISBN 978-7-115-63684-3

Ⅰ. ①中… Ⅱ. ①汪… Ⅲ. ①昆虫－中国－图集
Ⅳ. ①Q968.22-64

中国国家版本馆CIP数据核字(2024)第034041号

内 容 提 要

有时候藏于身边的美往往会被我们忽视，昆虫就是如此，这些神奇小精灵会在不经意间从你的身边溜走，错过这些小精灵无疑是一件憾事。所以，本书从无翅类、古翅类、不完全变态类、完全变态类等昆虫中选取了 150 种，对它们进行外形识别、生活习性、分布地域等多方面的科普，并在利用有精美细节的摄影作品展现它们的美的同时，配合小贴士让读者了解美丽背后的奥秘。

通过阅读本书，读者可以在欣赏美丽的摄影作品之余，建立起对于昆虫家族的基本认知，还能激发对于自然和生物的好奇心，从而引发进一步探索的欲望。

本书适合对昆虫感兴趣的读者阅读。

◆ 编　　著　汪　阗
　责任编辑　付　娇
　责任印制　马振武
◆ 人民邮电出版社出版发行　　北京市丰台区成寿寺路 11 号
　邮编　100164　　电子邮件　315@ptpress.com.cn
　网址　https://www.ptpress.com.cn
　北京盛通印刷股份有限公司印刷
◆ 开本：787×1092　1/20
　印张：12.6　　　　2024 年 5 月第 1 版
　字数：302 千字　　2024 年 5 月北京第 1 次印刷

定价：129.80 元

读者服务热线：(010)81055296　印装质量热线：(010)81055316
反盗版热线：(010)81055315
广告经营许可证：京东市监广登字 20170147 号

序：多识于六足动物之名也

青年昆虫学者汪阒先生的新作即将付梓，我很高兴又有机会跟着汪老师的妙笔与美图，学习我不甚熟悉的昆虫学，了解六足世界的多样与神奇！

昆虫，是整个地球上种类最为繁盛、数量最为庞大的动物家族。同时，它们也是我们人类最容易接触、最容易观察的生物类群。也正因如此，昆虫成为了众多博物学家、生物学家，以及自然或生物爱好者最先接触的“入门类群”。对于青少年来说，正是因为昆虫“比比皆是”，可以“唾手可得”，而备受青睐；对于成人来讲，若您仍然喜爱昆虫，想必您仍有极强的好奇心和探索欲，甚至依旧“童心未泯”！

汪阒贤兄的《生活观察图鉴 中国常见昆虫观察图鉴》正可以满足我们的求知欲、探索欲以及分辨和分类的癖好——这是我们祖先必须掌握的生存技能之一，他们要知道什么昆虫有毒，什么昆虫可食，什么昆虫治病，才能掌握、应用如此庞杂的自然资源，联合国粮农组织（FAO）都曾呼吁人类应该大量消费昆虫蛋白以解决饥饿、温饱问题，等等。

既然昆虫如此重要和特别，我们自然应该从认识它们都是什么物种开始，即多识于其名也！特别是在我们自己的祖国或家乡，了解您脚下的大地上有哪些种类的昆虫，以及知晓它们简要的生物学特征，是十分必要的。这本书便是一本货真价实的、有用武之地的、学习昆虫知识的工具书！

我国是世界上昆虫多样性最为丰富的国家之一。据不完全统计，仅中国的昆虫种类就有 100 万种以上。想要将它们全部识别出来，无疑是一件几乎不可能做到的事情。也正因如此，很多初学者在面对形态各异的昆虫时，常常摸不到头脑，寻找不到“以点盖面”的方法。而《生活观察图鉴 中国常见昆虫观察图鉴》一书，便为还没有系统学习昆虫的“爱虫人”充当了一把打开昆虫学大门的钥匙。

与其他识别手册不同的是，本书以昆虫翅的类型和昆虫的发育类型为线索，按照昆虫家族的“目”一级遴选 150 种来自中国本土的昆虫种类。每一种都是作者精挑细选而定，以求可以用它们来为大家讲述尽可能多的昆虫故事，介绍尽可能丰富的昆虫学知识。利用这本书，读者可以轻而易举地对中国本土昆虫，乃至整个昆虫世界有一个较为全面的了解与认知。

我很早便与汪阒兄相识。他不仅是一位昆虫学研究者，还是科普教育工作者，创办了“地球记忆工作室”，常年举行多种多样的科普活动。除此以外，我还有幸读过他出版的多部科普书籍，例如《虫行天下·繁盛的六足传说》《博物大发现：我的 1000 位昆虫朋友》等，每一本书都受到了众多读者的好评。在科普报纸杂志上，汪阒兄的文章也经常出现。而长期撰写也使得汪阒兄之于科学普及作品的创作更加得心应手，并能以通俗易懂的话语来解释一些复杂且冗长的科学术语或科学知识。

汪阒先生除了在科普工作上花费大量精力外，还持续关注、拍摄记录各个生物类群。在生态摄影方面，他拍摄了十几万张精美的动植物生态图片，这也使得本书配有大量的昆虫生态照，为大家认识、认知这些物种起到了极为关键的作用。

在本书付梓之际，我有幸先睹为快，全书内容令人赏心悦目。当前，虽然我国昆虫学研究获得了突飞猛进的发展，取得了历史不能比拟的研究成果，但由于昆虫物种太过繁杂，仍然有许多关于昆虫的基础生物学、生态学，以及分子生物学、基因组学等层面存在着诸多学术研究上的空白。

我衷心地期待各位读者可以因为阅读本书而关注昆虫、留意昆虫、热爱昆虫，进而发现昆虫、研究昆虫，并与作者一样思考着问题，带着相机走到大自然中，去发现、探索来自大自然中最为精彩的六足世界！

是为序。

博士、研究员

国家动物博物馆副馆长

2023 年 3 月 1 日

前言

昆虫是整个地球上最繁盛的动物类群，仅人们已经发现并进行论述的种类就多达几百万种，且这个看似已经是天文数字的物种量仍仅占全地球理论物种量的很小一部分。正因如此，有生物统计学家认为，将地球上的生物都看成昆虫也不为过。毕竟，昆虫的物种总量的确比除了昆虫以外的所有物种总量之和还要多。

昆虫占据着地球上几乎各个生态位和各种环境。目前，唯一没有发现有昆虫栖息的地方是深海，除此以外，我们几乎在任何地方都能发现它们的踪迹——从茂密深邃的热带雨林，到慵懒午睡时的床边；从清澈见底的湖泊溪流，到干旱无雨的千里荒漠；从四季无冬的赤道沿线，到透骨奇寒的地球两极……也正是由于不同的昆虫类群要适应地球上的几乎任何环境，故而昆虫在漫长的演化过程中特化出了各式各样的身体形态与生活习性。而这些不仅影响着人类的生活，还给人类带来了各个方面的影响与启发，无疑是值得人类去不断研究与探索的。

中国的昆虫物种资源十分丰富，除了生活在非洲地区的螳䗛目以外，所有的“目”级单位均在中国有分布，且在这广阔的山川大地间，还栖息着数不胜数的特有物种。这也使得无论是哪个国家(地区)的昆虫学家想要进行研究，都想来到中国进行或多或少的考察工作。这无疑是每一位中国昆虫学家、昆虫爱好者，甚至是每一位中国人都应该感到无比自豪的事情。

中国人观察、描述、研究昆虫的历史非常久远，早在公元前 11 世纪—公元前 6 世纪，我国诗歌的开端、最早的一部诗歌总集《诗经》中便拥有大量关于昆虫的描写。在这之后，无论是在诗词、画卷中，还是在民俗、文化中，昆虫都占据着非常重要的地位。可以说，中国人在昆虫的研究方面，是世界的先驱者之一。

昆虫对于整个地球生态来说起到了十分重要的作用。由于其物种量、数量和基因量都稳坐整个动物界乃至生物界的“第一把交椅”，因此其“举手投足”都可以轻而易举地影响地球环境。如果地球上没有了昆虫，那么我们几乎可以断定，其他的生物也难以继续生存，当然，也包括我们人类。

本书精选了分布于中国的 150 种昆虫，它们来自昆虫纲生物的各个家族，各具特色，有着属于自己的生存秘诀。当然，这 150 种昆虫相较于整个昆虫家族犹如沧海之一粟，但读者也能通过它们对昆虫的形态、习性等建立初步的认识。如果读者可以通过本书踏上探索昆虫、探索生命的旅程，那便是我们所有作者最大的慰藉。希望本书的读者可以与我们一样，在大自然中不断探索，尽享博物学所带来的快乐和欣喜！

正在飞行的高山半伪蜻

目录

完全变态类昆虫

关于本书

本书以昆虫翅的类型及生活史为线索，从无翅昆虫、古翅类昆虫、不完全变态类昆虫和完全变态类昆虫中，选取了中国常见的150种昆虫，配合高清唯美且细节突出的摄影作品，并辅以小贴士，以点带面，较为系统地为读者介绍昆虫家族，是一本学习昆虫知识、欣赏昆虫之美，帮助读者认识物种的实用性图鉴。

本书的物种选择原则如下。

一是广义常见：选择全国范围内均十分常见的物种，它们与人类生活的环境联系紧密，是我们平时大概率可以见到的物种，如黄蜻、迷卡斗蟋、星天牛、七星瓢虫、菜粉蝶等。

二是狭义常见：这些所谓的常见物种，它们并不在全国范围内分布，但是在其分布的地域仍然具有种群优势，我们在其栖息地仍大概率可以见到其身影，如艾氏施春蜓、棉管蜥、云斑白条天牛等。

三是特有物种：它们虽然不算特别常见，却是值得我们了解的特有物种。本书所选择的这些物种在数量上虽然没有真正的常见物种那么有优势，但仍然是特有物种中较容易被发现的昆虫类群，如丽拟丝蟌、北京凹头蚁等。

如何辨认昆虫？

昆虫是整个动物界乃至生物类群中最为繁盛的家族。无处不在的它们似乎形态千奇百怪，人们也经常会将它们与那些同隶属于节肢动物门的其他“表兄弟”混淆。那么，“如何辨认昆虫”似乎应该是了解昆虫时要解决的第一个问题，也是没有办法避开的一个问题。

其实，纵使昆虫的形态多种多样，但它们仍然有非常多的共同点，而这些共同点便构成了昆虫家族的形态特征。首先，昆虫和其他所有的节肢动物一样，身体分“体节”。但是，一定要注意，很多人都认为昆虫的身体分为3个体节，这其实是不对的。光是昆虫的腹部就已经远远超出了3个体节，昆虫的整个身体又怎么会只有3个体节呢？

实际上，昆虫的身体共分为20个体节：前6个体节构成了头部，之后的3个体节构成了胸部，剩余的11个体节构成了腹部。因此，我们要知道，昆虫的身体是分为3个体段，即头部、胸部和腹部。头部是昆虫的控制与感觉中心，胸部是昆虫的运动中心，腹部则是昆虫的代谢中心。

还有一点我们要清楚，那便是虽然昆虫的身体分成了20个体节，但我们在观察的时候，几乎永远数不清楚。这是因为有很多体节相互愈合在了一起。正因如此，绝大多数昆虫的腹部也并不是明显的11个体节。

除了身体分为3个体段外，昆虫的胸部还着生有2对翅和3对足。上文已经说过，昆虫的胸部是由3个体节构成的，分别称为前胸、中胸和后胸。这3个体节每节各有

1 对足，中胸着生昆虫的前翅，后胸着生昆虫的后翅。

当然，上述的这些特征还有一个前提条件，那便是昆虫已发育为成虫。

综上所述，昆虫纲动物的形态特征是，身体分为头部、胸部和腹部 3 个体段，有 2 对翅、3 对足。只要看到一种动物同时符合这些特征，那它便是昆虫无疑了。

还要说明一个较为麻烦的问题，那便是有很多昆虫即使在成虫时期貌似也不符合上述特征，例如我们平时看到的蚂蚁就没有翅；经常被人们厌恶的苍蝇、蚊子也只有 1 对翅；飞行速度较快的蛱蝶等貌似只有 2 对足……那么它们为什么还算是昆虫呢？这是因为它们的身体结构在长期的演化过程中发生了特化，而我们又可以在其身上找到这样的特化痕迹。还是以这几类昆虫举例：蚁窝中有繁殖蚁，它们在繁殖期会长出 2 对翅；苍蝇、蚊子等昆虫隶属于双翅目，它们的后翅特化成了一根平衡棒，用以为其飞行保持平衡；蛱蝶科昆虫的前足慢慢退化了，仅保留中足和后足，但若仔细观察，我们还可以看到残留的退化痕迹。因此，这些貌似不符合昆虫特征的动物，仍然是昆虫纲的成员。

最后，借用中国昆虫学家杨集昆先生创作的一首小诗来帮助大家记住昆虫纲动物的特征：“体分头胸腹，四翅并六足。一生多变态，举国百万数。”

昆虫身体部位名称图

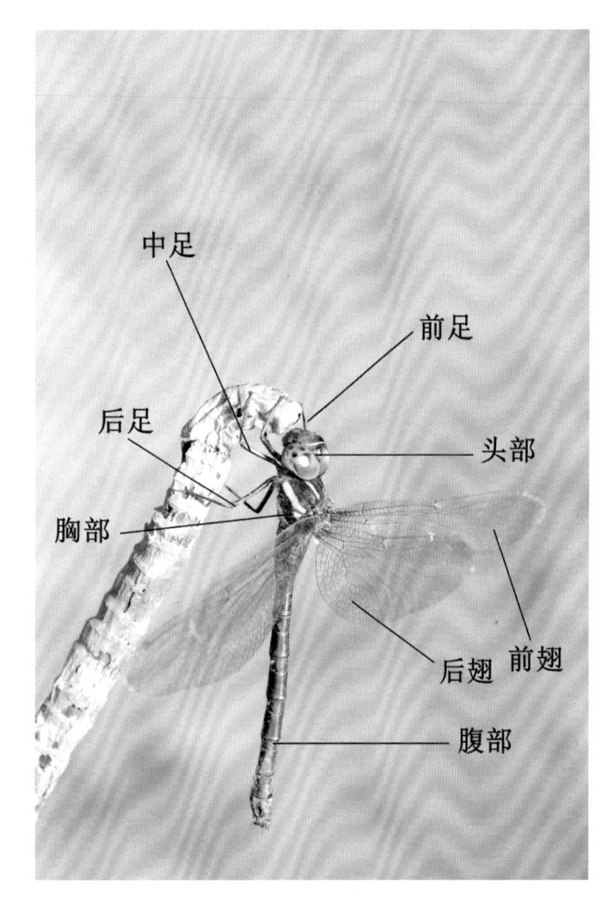

左为石蛃，右为衣鱼

无翅类昆虫

在众多昆虫家族成员的成长过程中，我们似乎可以看到很多成虫期没有翅或翅发育不完全的现象。然而，真正可以被称为“无翅昆虫”的，仅有衣鱼目和石蛃目两个类群。这是因为很多成虫期没有翅的昆虫，如跳蚤、虱子，甚至部分竹节虫，或我们平时常见的蚂蚁，它们有些是某些个体在某些时间可以长出翅（如蚂蚁中的繁殖蚁在婚飞的时候是有翅的）；有些则是在很久以前很有可能存在翅，在长期的演化中翅渐渐退化（如虱目昆虫、蚤目昆虫），但在形态上我们还可以发现其曾经有翅的痕迹；还有些则是在类群中有些种类具有完整的2对翅，有些种类（如半翅目、竹节虫目甚至鳞翅目等）的翅退化了。因此，严格来说，它们都不能被称为“无翅昆虫”。

衣鱼目和石蛃目昆虫是原始无翅的，也是昆虫纲生物中最原始的类群。这些昆虫主要喜欢阴暗的环境，以纤维或腐殖质等为食。在形态上，它们也与原尾纲、弹尾纲生物较为相似，具有一定的过渡意义，是昆虫纲演化的重要研究对象。

昆虫纲 衣鱼目 衣鱼科 栉衣鱼属

多毛栉衣鱼

Ctenolepisma villosa

【外形识别】体型－小型。身体细长而扁平，上有银灰色细鳞。全身长有密毛。触角呈长丝状，咀嚼式口器，复眼较小。腹部各节上的毛呈密丝状。没有翅。腹部末端有 2 条等长的尾须和 1 条较长的中尾丝。

【生活习性】喜欢居住在黑暗、潮湿、密闭的环境里。最爱吃富含淀粉的或甜甜的食物。昼伏夜出。在交配的时候，雄虫会变成雌虫的“小跟班”。雄虫会产下一个用薄纱包住的精囊，而雌虫会利用这个精囊里的精子，和体内的卵子受精。不过多毛栉衣鱼十分“怕冷”，只有在温暖的时候才会繁殖。

【分布地域】中国各地。

石蛃全身密被鳞毛

栖息在具有地衣的岩石上的石蛃

昆虫纲 石蛃目

石蛃目

Microcoryphia

【外形识别】有着像鹅卵石的头部和发达的复眼。复眼的下方有一对单眼。我们还可以在它们的头部前方看到极长且弯曲的下颚须。石蛃的触角为细长的丝状，一般会有 30 节以上。它们的足有亚基节，而且很多种类的部分中足和后足上有针突。腹部从第 2 节开始到第 9 节有着成对的刺突，末端还有 1 对尾须和 1 条中尾丝。一般来说，中尾丝的长度长于尾须，甚至超过整个体长的一半。

【生活习性】它们主要分布在热带及亚热带地区。大部分石蛃喜欢栖息于阴暗且潮湿的环境中，如布满苔藓、地衣的岩石上、石缝中，以及较厚的落叶层和洞穴里。它们的食性极为广泛，以藻类、菌类、地衣类、苔藓类及腐败的蕨类和种子植物为食，也有少数种类有取食动物尸体、无脊椎动物卵的习性。

【分布地域】中国各地。

小贴士

兄弟“分家”

在最早的分类中，石蛃目和衣鱼目都属于缨尾目，它们是一对长相十分相似的兄弟，如体表都密布着鳞毛或鳞片，有咀嚼式的口器，原始无翅，腹部有 11 个体节，末端还有 1 对尾须，尾须间长着 1 条中尾丝，等等。但科学家们经过研究，最终还是根据它们之间的一些区别，将其分为两个目。它们主要有以下几个区别：石蛃目昆虫的胸部经常向上突起，形似“罗锅儿”（拱背），而衣鱼目昆虫的胸部一般较为扁平；石蛃目昆虫的复眼较大，而且大多数都会在头部中间连接到一起，而衣鱼目昆虫仅具有退化的复眼；石蛃目昆虫的中尾丝一般会长于尾须，而衣鱼目昆虫的中尾丝与尾须长度相近；石蛃目昆虫善于跳跃，衣鱼目昆虫却几乎从不跳跃。

蜉蝣目昆虫

古翅类昆虫

古翅类昆虫在整个昆虫演化史中同样占据非常重要的地位。它们最大的特征便是翅不能伸缩或折叠，也不能覆盖于背部，它们翅上的脉络也非常复杂，前后翅的形态特征十分相似。这些昆虫翅的形态保留着大量原始的特征，其中的代表就是蜉蝣目和蜻蜓目。在这两类昆虫中，蜉蝣目昆虫较蜻蜓目昆虫更为原始。这是因为蜉蝣目昆虫在从稚虫羽化为成虫的过程中，还要经历一个“亚成虫”的阶段。亚成虫需要再经历一次蜕皮，才能真正羽化为成虫。这与原始的昆虫发育十分相似，故而蜉蝣目昆虫比蜻蜓目昆虫更加原始。

当然，很多朋友可能有这样一个疑问：是不是古翅类昆虫的飞行能力同样十分低下呢？答案当然是否定的。古翅类昆虫中的蜻蜓目便是整个昆虫家族中的飞行佼佼者。它们不仅可以快速敏捷地飞行，还可以做出在空中悬停，甚至向后飞行等“高难度动作”。

最后还要说明一点，古翅类昆虫同样属于不完全变态类昆虫，但由于蜉蝣目和蜻蜓目这两类昆虫与随后出现的其他不完全变态类昆虫有着较大的区别，故而本书将这两类昆虫单独进行论述与介绍。

蜉蝣目昆虫稚虫

蜉蝣目昆虫亚成虫

昆虫纲 蜉蝣目

蜉蝣（蜉蝣目）

Ephemeroptera

【外形识别】拥有细长的小至中等体型。不同的个体颜色不同。有3只单眼，复眼十分发达。具有退化的咀嚼式口器，无咀嚼功能。前翅比后翅大上许多，翅脉很原始。雄虫前足一般较长，可以用来在飞行时抓握雌虫。腹部末端有1对尾须和1条中尾丝。

【生活习性】经常栖息在清澈的溪流、静水湖泊等淡水中。稚虫期较长，主要以水生植物为食，少数具有捕食性。成虫一般寿命很短，羽化后集中飞行，进行交配、产卵，随即死亡。

【分布地域】中国各地。

小贴士

蜉蝣其实不短命

提起蜉蝣，大家都会将其和“短命”相联系，这是因为蜉蝣目昆虫成虫口器退化，根本无法进食，所以寿命只有1天～1周。然而，如果从蜉蝣的整个生命历程来看，相比于其他昆虫，它们的寿命根本不算短。蜉蝣有着很长的稚虫期，在此期间的蜉蝣稚虫可以在水中生存1年至数年。另外，蜉蝣目昆虫是所有有翅的昆虫中最为原始的，它们与蜻蜓目昆虫同为古翅类昆虫，而且蜉蝣目比蜻蜓目在演化上更为原始。这除了表现在它们的翅不能折叠、翅脉丰富等原始特征上，还表现在蜉蝣在羽化后会有一个亚成虫的阶段，也就是说羽化后还要再蜕一次皮才能变成真正的成虫，这在其他有翅昆虫中是没有的。不过这也是分辨它们是否真正成熟的好办法，如果我们看到了一只蜉蝣，只需要看其翅是否透明就能判断它是亚成虫还是成虫——亚成虫的翅不透明，成虫的翅是透明的。

昆虫纲 蜻蜓目 蜻科 黄蜻属

黄蜻

Pantala flavescens

【外形识别】头部相对较大，后翅比前翅更加宽大，全身为黄褐色，拥有很强的飞行能力。额、前后唇基都是黄色的，头顶是褐色的，中央突起，顶端为黄色。合胸前面是黄褐色，脊是黑色。合胸的侧面则是淡黄色到白色。胸部颜色纯净，没有斑纹。腹部有纵横的黑色条纹。翅透明，没有斑点，后翅靠近身体的部分呈现出橙黄色。雄虫上肛附器为细长型，黑褐色。足与身体的连接处是淡黄色的，其余部分为黑色。雌雄体色基本相同，雄性尾部为淡红色，雌性尾部为黄色。

【生活习性】飞行能力极强，经常成群活动，漫天飞舞，可以长时间盘旋在空中，飞行速度快，还能在空中停留。具有迁飞的习性，中国东部，甚至整个东亚地区都是它们的迁飞区域。

【分布地域】中国几乎全部省区市。

蜻蜓家族中的“游骑兵”

黄蜻隶属于蜻蜓目蜻科黄蜻属，虽然该属在国内仅有黄蜻一种，但它们却几乎是最常见的一种蜻蜓。它们分布在全国各地的各种环境中，比如公园、城市的绿化小道，甚至是我们居住的庭院有时也会忽然出现大量的黄蜻，它们漫天飞舞。有时它们又会瞬间减少，甚至一只都找不到，等过几天，又重新出现，大量的黄蜻集群飞舞。这是因为，黄蜻是少数具有迁飞性的蜻蜓目昆虫，它们会从羽化地一直集群或单独迁飞到非常远的地方，这也是黄蜻分布如此广泛的原因之一。我们所看见的出现后消失又重新出现的黄蜻群，很有可能是不同的群体，它们只是分别迁飞路过正好被我们看见罢了。也正因为有这个习性，黄蜻又被誉为蜻蜓家族中的“游骑兵”。

黑丽翅蜻稚虫

黑丽翅蜻翅脉图

昆虫纲 蜻蜓目 蜻科 丽翅蜻属

黑丽翅蜻

Rhyothemis fuliginosa

【外形识别】体型 – 小至中型。浑身黑色，而且有蓝绿色光泽。有着纤细短小的腹部，黑色的、短小的足。前翅前端1/3是透明的，剩余部分则是黑色的，且有蓝黑色光泽。雄虫身体呈现金绿色，并有鲜亮的蓝紫色光泽；雌虫则有绿色光泽。后翅膨大，形似蝴蝶，故又有“蝶形蜻蜓”的美称。

【生活习性】常栖息于海拔较低的静水环境中，主要在水生植物丰富的池塘、湖泊、水渠等地活动。飞行较为缓慢，且喜欢以一上一下的飞行路线飞行，经常停落于水域附近的植物上休息。每年6—8月可以见到它们的成虫。

【分布地域】中国河北、北京、天津、山东、山西、陕西、江苏、浙江、福建等地。

小贴士

炫彩蜻蜓

黑丽翅蜻隶属于蜻蜓目蜻科丽翅蜻属。这个属的蜻蜓的翅都有比较强烈的金属光泽，在阳光照射下十分美丽，所以它们才被称为丽翅蜻。黑丽翅蜻的稚虫十分容易辨认，它们的腹部末端向内收缩，我们在很多城市富有水生植物的人工湖中都可以见到它们成群活动，这也是城市生物景观的一道靓丽风景线。

低斑蜻稚虫

昆虫纲 蜻蜓目 蜻科 蜻属

低斑蜻

Libellula angelina Selys

【外形识别】 体型－中型。雌雄虫同色，区别不明显。成虫的身体呈现橙黄色与棕黄色，胸部长着浓密的柔毛。肩部有 2 条银白色条纹。第 1～5 腹节是棕黄色的，第 6 腹节至末端则呈现黑色。有透明的翅，前翅的基部、基臀区、中部、近端部有淡黑色或黄褐色的斑点，还有黑褐色的痣。后翅基部、基臀区、三角室、中部、近端部则有黑色斑点，基室呈黄褐色。足上有刺，基部呈黄褐色，其余部分则是黑色的。

【生活习性】 常常栖息于海拔较低且挺水植物茂盛的静水环境中。雄虫具有领地性，喜欢来回巡飞。每年3—5月可见成虫飞行。

【分布地域】 中国河北、北京、陕西、江苏、安徽。

小贴士

隐秘舞者

低斑蜻是一种非常耐寒的蜻蜓目昆虫。每年河水刚刚解冻不久，它们就开始羽化。到了 5 月底，低斑蜻一年的发生期（发生期：指成虫活动的时间）基本就结束了。这种蜻蜓为了抵御早春的寒冷，胸部演化出了非常浓密的柔毛。不过想要对其进行观测，一定要在其化为成虫后到 5 月底之前进行，否则很难见到它们。

异色多纹蜻稚虫

昆虫纲 蜻蜓目 蜻科 多纹蜻属

异色多纹蜻

Deielia phaon

【外形识别】体型 - 小至中型。雌雄之间有着明显的颜色区别。雄虫的头部有光泽，复眼上半部为棕黑色，而下半部为黄绿色。合胸呈淡蓝灰色，有淡黄色的条纹，不过条纹并不明显，只能隐约看见。有着透明的翅，翅上的痣呈黑色。足呈黑色。腹部呈蓝灰色至灰黑色。雌虫色型很多，大致有 3 种：第一种，与雄虫相似，不过腹部侧面是淡黄色的；第二种，身体呈橙黄色，有黑色条纹，翅透明，翅脉为红色；第三种，身体呈橙黄色，上面有黑色条纹，翅脉虽然是红色但有褐色的斑点。

【生活习性】常栖息于水质较好、水底有机质含量较高的古老水系中，要求海拔较低、水流缓慢。喜欢成群居住在水系中，而且常常在挺水植物及水系附近的植被上休息。每年 6—9 月可见其成虫飞行。

【分布地域】中国河北、北京、山东、江苏、浙江、江西、上海、福建等地。

小贴士

百变蜻蜓

异色多纹蜻隶属于蜻蜓目蜻科多纹蜻属，这个属在全世界仅异色多纹蜻一种。可想而知，这种蜻蜓是一种很特殊的物种。比如它们的成虫（雌虫）有各种各样的颜色，这在蜻蜓家族中几乎找不到相同的情况。异色多纹蜻也凭借这一特点，成了世界上最著名的蜻蜓种类之一。

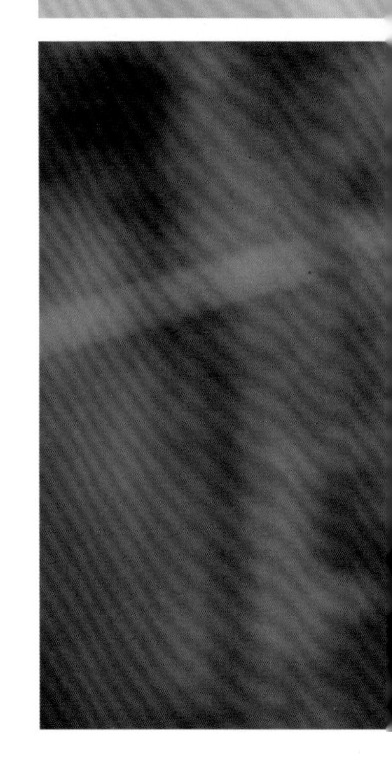

闪蓝丽大伪蜻稚虫

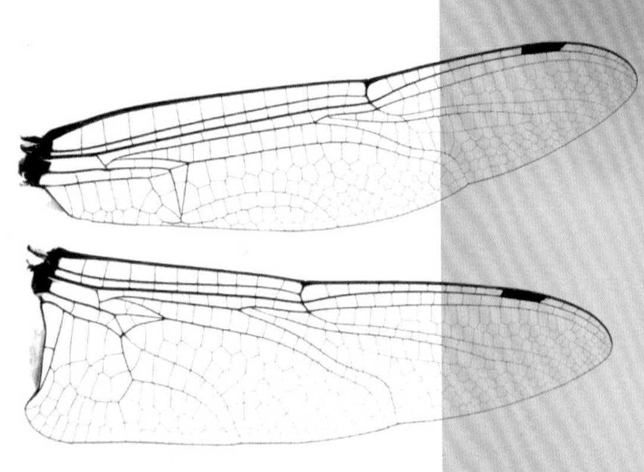

闪蓝丽大伪蜻翅脉

昆虫纲 蜻蜓目 大伪蜻科 丽大伪蜻属

闪蓝丽大伪蜻

Epophthalmia elegans

【外形识别】体型 - 大型。雄虫有绿色的复眼，面部为黑色，有黄色与白色条纹。胸部为黑绿色，有较宽的黑色条纹，并有较强的金属光泽，翅透明，下三角室有 1 条横脉，翅痣呈黑色，足呈黑色。腹部为黑色并有黄色斑点，有时腹部背面的黄色斑点中间断开。雌虫与雄虫的形态及色彩十分相似，但雌虫的翅基部有琥珀色的色斑。

【生活习性】常栖息于海拔 2000 米以下的静水环境，包括大型的湖泊、池塘，以及人工池塘、蓄水池、河流等水域中。较善于飞行，喜欢沿着水系边缘巡飞。雄虫具有较强烈的领地意识。

【分布地域】中国黑龙江、吉林、辽宁、河北、北京、内蒙古、山西、陕西、甘肃、山东、浙江、江西、河南、湖南、湖北、广东、广西、宁夏、四川、重庆、贵州、云南、香港、澳门、台湾等地。

小贴士

不一样的“蜻”和“蜓”

蜻蜓目的昆虫主要分为两大类，一类是差翅类昆虫（即我们通常说的蜻蜓），一类是均翅类昆虫（即我们通常说的豆娘或螅）。差翅类昆虫还可以大致分为两大类，一类是蜻，一类是蜓。一般来说，蜓都比较大，蜻都比较小，但实际上也会有一些特殊的情况。例如，某些春蜓个体就比较小，而大伪蜻科、蜻科虹蜻属等个体就比较大。因此，有没有什么方法可以加以辨别呢？实际上，区别就在蜻蜓的翅脉中。如果我们仔细观察，可以看到蜻或蜓的翅靠近基部的地方，有一个由翅脉组成的明显的三角形区域。前翅上的三角形如果最尖的地方朝向后方，那便是蜻；如果朝向外面，那便是蜓。因此，虽然闪蓝丽大伪蜻的体型、体色都和蜓非常相似，但从翅脉来看，便可以知道它实际上是蜻。

小贴士

地名与昆虫名

北京大伪蜻是一种以北京命名的蜻蜓目昆虫。早期的蜻蜓目昆虫，大多是被国外的研究者们发现并命名的。不过随着近年来大量蜻蜓目昆虫新种被中国昆虫研究者发现并论述，以中国地名进行命名的物种逐渐多了起来，如北京大伪蜻、北京角臀大蜓、山西黑额蜓等。

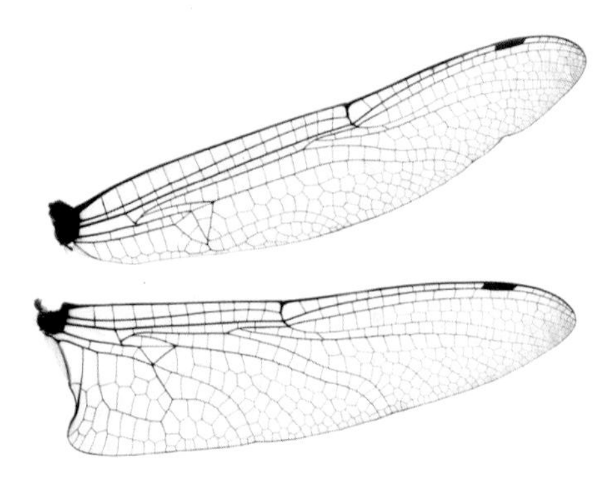

北京大伪蜻翅脉

昆虫纲 蜻蜓目 大伪蜻科 大伪蜻属

北京大伪蜻

Macromia beijingensis

【外形识别】体型 - 大型。复眼呈金绿色。雄虫的上唇中部有一个醒目的圆形黄色斑点。胸部呈黑色并有黄色条纹，肩前条纹较宽，翅透明，翅痣为黑色，足为黑色且胫节上有较多的刺。腹部为黑色，第 2~8 腹节有黄白色色斑，第 10 腹节背部有 1 对较小的瘤状突起。雌虫与雄虫颜色相似。

【生活习性】常栖息于海拔较低的山区溪流等环境。飞行较迅速，雄虫在繁殖期会沿水系来回巡飞，并具有较强的领地意识，遇到雌虫后会进行追逐。每年 6—9 月可见其飞行。

【分布地域】中国北京、山西、河南、四川等地。

小贴士

黄昏舞者

威异伪蜻有一个和很多蜻蜓都不太相同的地方，那就是它们的活动时间。一般来说，大多数蜻蜓都喜欢从上午开始活动，一直到黄昏才会寻找地方停落，而威异伪蜻却是在黄昏时分达到一天中活动的最高潮。也正因如此，如果你走到它们的栖息地，恰巧是在视线不佳的黄昏时刻，就会发现身边有中小型蜻蜓在迅速地飞舞，那很有可能便是威异伪蜻这种美丽的小精灵在空中舞动！

昆虫纲 蜻蜓目 综蜻科 异伪蜻属

威异伪蜻

Idionyx victor

【外形识别】体型－中型。雄虫面部呈黑色并有金属光泽，上唇呈白色，前唇基中央有白色的斑点，复眼呈翠绿色。胸部呈黑绿色并有金属光泽，合胸侧面有2条较宽的黄色条纹，翅透明，翅痣呈黑色，足呈黑色。腹部呈黑色，第1～4腹节背面后方有甚细的黄色条纹或斑点，肛附器呈黑色。雌虫与雄虫颜色相近，翅基方有琥珀色色斑。

【生活习性】常栖息于海拔较低的森林溪流或临山的静水环境中，喜欢于黄昏时活动。飞行较迅速，主要以各类小型昆虫为食。每年4—8月可见其飞行。

【分布地域】中国广东、广西、福建、云南、海南、香港等地。

斑翅裂唇蜓的稚虫正潜伏于底砂中

昆虫纲 蜻蜓目 裂唇蜓科 裂唇蜓属

斑翅裂唇蜓

Chlorogomphus usudai

【外形识别】体型－大型。雄虫面部为黑色，后唇基有 2 对黄色斑点，上颚呈黄色，复眼呈碧绿色。胸部有黄色的肩条纹和肩前条纹，合胸侧面有 2 条黄色条纹，翅透明，于翅尖端极小处染黑褐色，翅痣为黑色，足为黑色。腹部为黑色，第 1～6 腹节有黄斑。雌虫翅分为斑翅型与透翅型，斑翅型翅基方和端方有明显的黑褐色斑，透翅型翅仅于端部有较大的黑褐色斑。

【生活习性】常栖息于中高海拔地区的林间狭窄溪流等环境中，有时也会见于沟渠或小型瀑布等环境。雄虫具强烈的领地意识，会驱赶出现在领地中的外来个体。每年 4—7 月可见其飞行。

【分布地域】中国海南。

小贴士

看翅辨雌雄

对于大多数裂唇蜓科的物种来说，雌性与雄性的翅的颜色有着明显的区别。例如，斑翅裂唇蜓的雄虫的翅是透明的，仅在顶角有一点黑褐色；而雌虫前后翅的中部都有染色，且后翅的中部为非常浓的黑褐色。因此，我们可以通过翅的颜色轻易地辨认它们的“性别”。有趣的是，斑翅裂唇蜓的稚虫喜欢将自己的身体埋藏在水中的底砂中，仅露出头部，以伏击路过的各种水中生物。

小贴士

蜻蜓家族的“国宝”

棘角蛇纹春蜓分布范围较小，并且是中国的特有物种。因为它们的稚虫喜欢较为洁净的溪流，对溪流水质较为挑剔，所以经常被用作溪流环境的水陆环境指示生物。不仅如此，在整个中国蜻蜓目昆虫中，仅有少数物种被列入《国家重点保护野生动物名录》，而棘角蛇纹春蜓就是其中的一种，它们是国家二级保护动物的蜻蜓目昆虫之一。

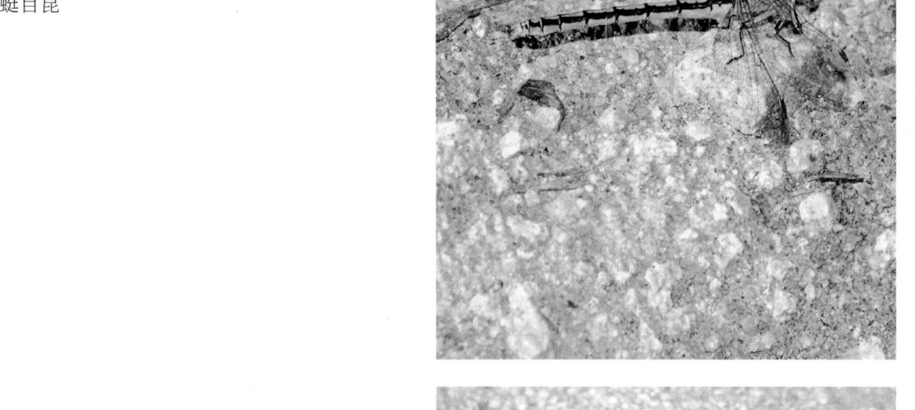

昆虫纲 蜻蜓目 春蜓科 蛇纹春蜓属

棘角蛇纹春蜓

Ophiogomphus spinicornis

【外形识别】体型 - 中型。合胸呈鲜绿色，上面有黑色的条纹。合胸背面上方有较粗的黑色条纹，部分个体合胸侧面有细长黑色条纹。翅是透明的，翅痣为黑色。足基节至腿节前半部为黄色或黄绿色，其余为黑色。腹部为黑色，有粗绿色条纹。腹部第 3 ~ 8 节上有狭细三角形条纹，从前至后由鲜绿色逐渐转为黄绿色或黄色。雌虫头部后方有 2 个角状突起。

【生活习性】于每年 6—9 月发生。常栖息于山区的溪流、湖泊等地。喜欢在日照久的地方活动。相比于植被，更喜欢在石头、沙地、道路等处休息。

【分布地域】中国河北、北京、内蒙古、山西、甘肃、青海等地。

昆虫纲 蜻蜓目 春蜓科 施春蜓属

艾氏施春蜓

Sieboldius albardae

【外形识别】体型 - 大型，复眼呈绿色，额部为淡黄色，头部上方有2个角状突起,合胸背面有一对较粗的黄绿色“7”字形纹，合胸侧面呈黄绿色，并且有两条黑纹。翅透明，有黑色的痣。足呈黑色，后足非常长，腹部是黑色的，上面还点缀着黄绿色斑块，第9—10腹节及肛附器为黑色。

【生活习性】每年6—8月可以见到其成虫飞行。主要栖息于山间溪流，并于其间产卵。性机警，不易靠近，喜于石上或枯枝上停歇。

【分布地域】中国河北、北京、天津等地。

小贴士

溪流巨物

艾氏施春蜓是一种体型较大的蜻蜓目昆虫。相比于水边的植被，它们平时喜欢停落于溪流旁的岩石甚至是地面上。它们的稚虫非常有趣，会模拟成落入水中的落叶，以求混淆天敌的视线。除此以外，艾氏施春蜓的稚虫下唇罩较短，偶尔会有取食水中死去动物的行为。

艾氏施春蜓稚虫

小贴士

艰难的产卵

每年秋季，山西黑额蜓开始进入产卵期时，便会在溪流边一半沉入水中一半露出水面的石头上的苔藓上进行产卵。然而，冰凉的溪水与湍急的水流会让雌虫迅速耗费大量体力，很多雌虫为了防止被溪流冲走，会用上颚紧紧咬住苔藓或岩石。这也使得雌性山西黑额蜓产卵结束后，基本都会在很短的时间内死亡。当然，雌性山西黑额蜓在产卵过程中被溪流冲走的现象也比比皆是。

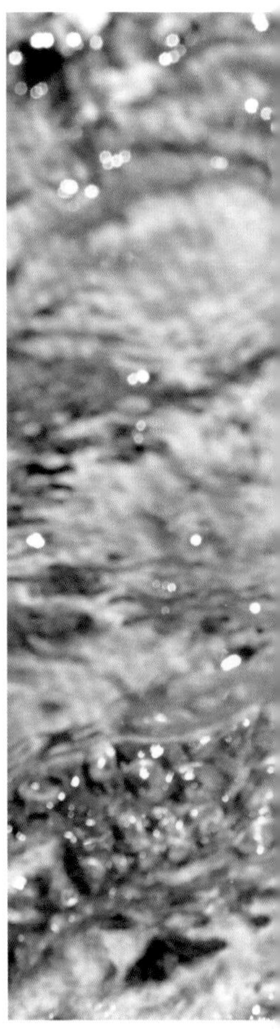

昆虫纲 蜻蜓目 蜓科 黑额蜓属

山西黑额蜓

Planaeschna shanxiensis

【外形识别】体型－大型。头部顶端有两个很大的黑色斑点。复眼绿色并具蓝黑色区域。合胸为黑色，合胸背面前端有两条黄绿色条纹。雄虫翅透明，翅痣为黑色或棕色。雌虫翅基部为金黄色，其余部分透明。足基部呈淡紫红色，其余地方呈红色。腹部呈黑色，上有较粗的黄绿色月形斑纹，各节斑纹中间断开。

【生活习性】每年 7—9 月可以见到它们的成虫飞行。常栖息于山间背阴溪水处，沿溪水上下飞行。产卵时常会选择临水并覆盖苔藓的石头，并将卵产于苔藓中。稚虫常栖息于水中石头下、挺水植物的茎，甚至漂浮木板下。

【分布地域】中国河北、北京、天津、山西等地。

山西黑额蜓稚虫

昆虫纲 蜻蜓目 蜓科 伟蜓属

碧伟蜓

Anax parthenope

【外形识别】体型 - 大型。面部为黄绿色，上唇下缘为黑褐色。前额上缘处有一条黑褐色的横纹，头顶呈黑色。合胸侧面呈黄绿色，没有斑纹。它们的背面也呈现黄绿色。中胸侧缝和后胸侧缝上有一条褐色条纹。腹部的第1、2节膨大。上肛附器为褐色，中部宽阔，端部平截。翅透明，雄虫略带黄色，而雌虫略带褐色。翅痣为褐色，前缘脉呈黄色。足基节为黄色，腿节为深红褐色，胫节与跗节呈黑色。

【生活习性】每年5—9月可以见到其成虫飞行。它们常在池塘、溪流、湖泊上进行巡视飞行。具有领地意识，常驱赶飞入领地内的蜻蜓以及其他昆虫。具有肉食性，常捕食各类昆虫。交配后的碧伟蜓在水草、浮木上面停留，并进行产卵。碧伟蜓稚虫性凶猛，喜欢在水底活动，捕食小鱼或小虾，羽化时爬出水面，常在夜里活动。

【分布地域】中国黑龙江、吉林、辽宁、河北、北京、山西、山东、浙江、江苏、江西、福建、贵州、新疆、台湾等地。

小贴士

童年记忆中的蜻蜓

碧伟蜓应该是几乎所有热爱昆虫的人们童年最美好的回忆之一。小的时候，通常我们捕捉到的蜻蜓，都是黄蜻这种十分常见的物种。每每偶然遇到碧伟蜓时，我们都会因其“巨大”的体型感到震撼。不仅如此，假若十分幸运地捕捉到了一只雌性碧伟蜓，还能够轻松地吸引来雄性。这主要是由于，雄性碧伟蜓在繁殖期视觉非常敏锐，可以快速发现飞到自己领地的雌虫。同时碧伟蜓雌虫的产卵量较大，这也是碧伟蜓能成为中国大型蜻蜓中最为繁盛的物种的原因之一。对了！忘记提一句，假如你是北京人，碧伟蜓实际上就是所谓的“老杆儿”（雄性碧伟蜓）和“老籽儿”（雌性碧伟蜓）哦！

昆虫纲 蜻蜓目 色蟌科 艳色蟌属

华艳色蟌

Neurobasis chinensis

【外形识别】体型－中到大型。雄虫面部为铜绿色，并泛着金属光泽，复眼上部为黑色，下部为绿色。胸部有着铜绿色的金属光泽，前翅透明，后翅的正面有大面积的金属绿色，端部为黑色。背部呈深铜色，足呈黑色，腹部呈铜绿色。雌虫身体呈金属绿色，并有着黄色条纹，它们的前翅透明，后翅呈琥珀色，翅结处有白色的小斑点，并具有白色的伪翅痣。

【生活习性】常栖息于低海拔地区的溪流及水质清洁的河流等环境中。喜欢伏于水环境周围的植被或木条上。雄虫在停落时喜欢将翅一张一合以吸引雌虫，并且具有较强的领地意识。

【分布地域】中国江西、广东、广西、福建、贵州、云南、海南、香港、澳门、台湾等地。

小贴士

中国第一种被科学命名的蜻蜓

在中国所有的蜻蜓目昆虫中，华艳色蟌是第一种被科学命名的种类，而命名华艳色蟌的博物学家，便是有着“现代生物分类学之父”之称的卡尔·冯·林奈。

昆虫纲 蜻蜓目 隼蟌科 阳鼻蟌属

三斑阳鼻蟌

Heliocypha perforata

【外形识别】 体型－中型。雌雄异色。雄虫上颚基部有 1 条蓝色的斑纹，合胸呈黑色并有黄色或蓝色条纹。中胸三角片为粉红色，肩下条纹呈蓝绿色。前翅约 2/3 透明，端部为褐色；后翅一半透明，端部为褐色，且有两列斑点，并在两列斑点外有一斑点。腹部为黑色有蓝色斑点。肛附器为黑色。

【生活习性】 常栖息于水流速度较缓慢的溪流，对水质要求较高。领地意识较强，会驱赶体型较小的进入领地的昆虫。雄性具有求偶行为。

【分布地域】 中国浙江、福建、广东、广西、海南、贵州、云南、香港、台湾等地。

透顶单脉色蟌 *Matrona basilaris* Selys

个体节构成，

触角

昆虫头部重要的感觉器官，形态多样，如丝状、锤状、棒状、羽状、栉状等。

复眼

昆虫头部由众多小眼组成的感觉器官，种类不同，小眼的数量不同。

翅

昆虫胸部重要的运动器官，共 2 对，分前、后翅，分别着生在昆虫的中、后胸上。形态差异较大，如鳞翅、膜翅、鞘翅、半鞘翅等，也是昆虫分目级的重要依据。

发生期

指某一种昆虫绝大多数的成虫活动期，亦有专门指代幼虫活动时期的幼虫发生期等。

中国常见

昆虫观察图鉴

头部

昆虫的控制中心，由 6 个体节构成，并有触角、复眼、口器等重要器官。

胸部

昆虫的运动中心及重心点，由 3 个体节构成，并有翅、足等重要器官。

腹部

昆虫的代谢中心……含有生殖器等……

口器

昆虫头部的进食器官，由上唇、上颚、舌、下颚、下唇构成，形态多样，如咀嚼式、虹吸式、刺吸式、舐吸式等。

足

昆虫胸部重要的运动器官，共 3 对，分为前、中、后足，生在昆虫前、中、后胸上。由基节、转节、腿节、胫节、跗……形态差异较大，如步行足、携粉足、开掘足、跳跃足、游……

小贴士

灵巧的求爱之舞

三斑阳鼻蟌隶属于蜻蜓目隼蟌科，也是中国最容易遇到的隼蟌科物种之一。这种昆虫雌雄颜色区别很大。每年繁殖期时，三斑阳鼻蟌的雄虫会跳起非常著名的“求爱之舞”——它们会在雌虫前方上下飞动，并不时地将自己足的内部白色区域来回扇动以吸引雌虫。不一会儿，雌虫就会仿佛中了魔法一般被雄虫征服，完成繁殖。一般来说，三斑阳鼻蟌喜欢将卵产于水中木头裸露于水面的区域，有时甚至可见到十几只三斑阳鼻蟌雌虫集群产卵，场面十分壮观!

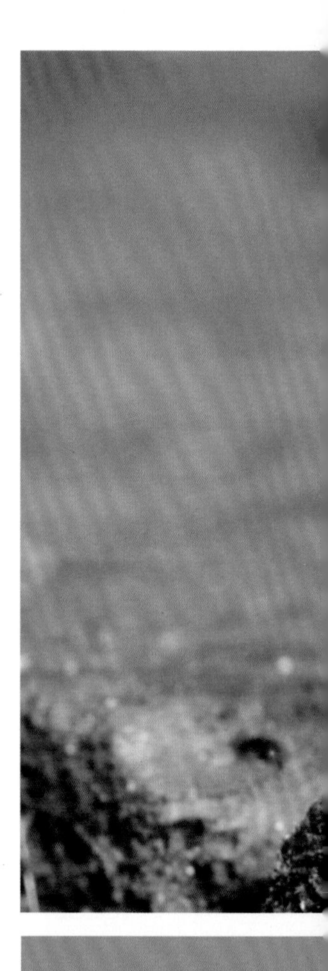

昆虫纲 蜻蜓目 隼蟌科 圣鼻蟌属

蓝脊圣鼻蟌

Aristocypha aino

【外形识别】体型－小型。雄虫面部为黑色，头顶及后头各有 1 对小黄蓝斑。胸部为黑色，侧面还有黄色条纹，合胸脊部分有蓝色三角形色斑。翅前 1/3 透明，后 2/3 则是黑色并具有光泽，而且在黑色区域内，有闪烁着蓝紫色光泽的翅窗，前翅翅痣为黑色，后翅翅痣为蓝色。足为黑色，胫节内缘有着白色的粉霜。它们的腹部呈黑色。雌虫身体主要为黑色，胸、腹部有黄色条纹，翅透明，翅痣为黑褐色及白色。

【生活习性】常栖息于海拔较低的开阔溪流或林中溪流等环境中。雄虫喜欢伏于溪流旁或水中露出的岩石及植被上，较机敏，较难靠近。具有较强的领地意识。会于空中悬停并不断向雌虫扇动翅及晃动足来进行求偶。每年 3—11 月可见其飞行。

【分布地域】中国海南。

小贴士

孤岛精灵

蓝脊圣鼻蟌是一种中国海南特有的隼蟌科昆虫。它们的雄性胸部背面有着天蓝色条纹，十分容易辨认。在一年大部分的时间内，海南林间溪流都会出现这种美丽精灵的身影。蓝脊圣鼻蟌求偶时，雄虫会在雌虫前方空中悬停，并晃动足内侧的白色区域来

吸引雌虫。和其他螅相比，蓝脊圣鼻螅的雌虫产卵的地方较为多样，它们会在水中、溪流旁不起眼的泥土覆盖着的岩石表面等环境中产卵。当雌虫产卵时，雄虫会守在一旁，以免有其他雄虫干扰。

昆虫纲 蜻蜓目 扁蟌科 镰扁蟌属

周氏镰扁蟌

Drepanosticta zhoui

【外形识别】体型－小型。雄虫面部为蓝黑色并有金属光泽，上唇为白色。胸部为黑色，合胸侧面有 2 条蓝白色条纹。翅透明或有时端部有褐色色斑，翅痣呈红褐色。足呈黑色或褐色，基部呈黄色。腹部为黑色，第 1～7 腹节有白色斑点，第 8～10 腹节呈淡蓝色。雌虫腹部为黑色并有丰富的白色斑点。

【生活习性】常栖息于海拔较低的森林渗流地、狭窄溪流或沟渠等环境中，喜欢伏于水域旁的植被上。飞行速度较慢，遇到危险时一般仅会做短距离飞行。每年 4—7 月可见其飞行。

【分布地域】中国海南。

小贴士

“密林星光”

周氏镰扁蟌是一种中国海南特有的蜻蜓目昆虫。扁蟌科昆虫在野外非常容易识别，它们的腹部修长，而且多数种类在腹部末端还有一个较为鲜艳的斑点。周氏镰扁蟌栖息的环境一般较为阴暗，这也使得观察时，首先映入我们眼帘的往往是它们腹部末端的色斑，仿佛点点星光。

丽拟丝蟌独特的争斗方式——“凤凰之舞”

昆虫纲 蜻蜓目 拟丝蟌科 拟丝蟌属

丽拟丝蟌

Pseudolestes mirabilis

【外形识别】体型 - 小至中型。雄虫面部为蓝色，胸部为黑色，侧面有黄色条纹。前翅透明，后翅相比前翅较短，正面为黑色，中部及端部有金黄色或橙黄色的色斑，反面中央及亚端方有银白色鳞状色斑。足呈黑色。腹部呈黑色，第 1 腹节侧面有黄色条纹，肛附器呈黑色。雌虫前翅透明，后翅则为琥珀色，亚端方有 1 个较大的深褐色斑及白色的小端斑。

【生活习性】常栖息于海拔较低的森林溪流、渗流地等环境以及较阴暗、水流较缓的环境中。雄虫具有较强的领地意识，繁殖期会在水域周围的植被或枝条上休息或短时间巡飞。每年 3—10 月可见其成虫飞行。

【分布地域】中国海南。

小贴士

海岛“凤凰”

丽拟丝蟌隶属于拟丝蟌科拟丝蟌属。在整个蜻蜓目中，只有这个物种的后翅仅为前翅的 3/4 左右。而且，目前丽拟丝蟌是拟丝蟌科中的唯一物种。有意思的是，在全世界范围内，丽拟丝蟌又仅分布于中国的海南，但这种蟌，在海南却不算罕见。繁殖期时，雄虫会面对面在空中“对峙”，做出悬停及上下前后缓慢飞行等动作。在“对峙”过程中，双方永远保持着面对面的形式，有时这种对峙可能长达 30 分钟。这种有趣的行为，被广大蜻蜓爱好者们称为“丛林中的凤凰之舞”。

叶足扇蟌翅脉图

昆虫纲 蜻蜓目 扇蟌科 扇蟌属

叶足扇蟌

Platycnemis phyllopoda

【外形识别】体型－小型。合胸背面前方有很细的黄色与白色条纹。翅透明，翅痣呈淡褐色。雄虫足由黑色与白色组成，上肛附器短于下肛附器的2/3。雌虫足由黄色与白色组成。腹部呈黑色，各个腹节之间有较明显的白色环状斑纹。

【生活习性】每年5—9月可见其成虫飞行。主要栖息于低海拔地区且植被茂密的静水水系。喜在水边植被中穿梭，并停于植被上休息。以双翅目昆虫等小型昆虫为食。

【分布地域】中国河北、北京、内蒙古、天津、山西、河南、山东、江苏等地。

小贴士

“抱着花瓣”起舞

叶足扇蟌是一种非常典型的扇蟌科扇蟌属昆虫。本属昆虫的特点便是雄虫的中、后足胫节膨大，如团扇一般，本科的昆虫也因此而得名。它们飞行时，会给人一种抱着花瓣翩翩起舞的感觉。在很多地方，人们常常将叶足扇蟌与同属的白扇蟌混淆，二者的区别便是雄虫腹部末端上肛附器与下肛附器的长度之差不同：白扇蟌的上肛附器长于下肛附器的2/3，而叶足扇蟌的上肛附器短于下肛附器的2/3。

昆虫纲 蜻蜓目 丝蟌科 黄丝蟌属

三叶黄丝蟌

Sympecma paedisca

【外形识别】体型较小。头部及胸部长着短毛。全身呈棕黄色。合胸背面前方具有绿色金属光泽的斑纹，合胸侧面有绿色斑纹。足呈棕黄色，翅透明，翅痣为近平行四边形，棕黄色。腹部为棕黄色，背面有绿色金属光泽斑纹。

【生活习性】成虫每年3—9月活动，并以成虫形态越冬。于严冬之际藏身于树皮、落叶等地方。并于次年3月出蛰。常栖息于池塘、池沼等静水周边的植被中，如挺水植物、灌木，甚至草丛里。

【分布地域】中国吉林、辽宁、河北、北京、内蒙古、山西等地。

小贴士

蜻蜓里的“耐寒王者”

一提到寒冬腊月，可能很少有人将它和昆虫联系到一起。没错！大多数的昆虫在冬季已经发生了1个世代，成虫早已在繁殖后死亡。然而，三叶黄丝蟌却以成虫形态越冬，这在蜻蜓目家族，甚至是整个昆虫家族中都不算常见。入冬时，三叶黄丝蟌会藏身于避风的环境中，如树皮内、落叶层下、岩石缝隙中。它们此时会进入蛰伏状态，将新陈代谢水平降到最低。有一些昆虫研究者曾发现，即使三叶黄丝蟌在冬季全身被雪覆盖，在来年的春季也有很大概率从蛰伏状态中苏醒。可以说，三叶黄丝蟌的这种行为是演化上的奇迹！

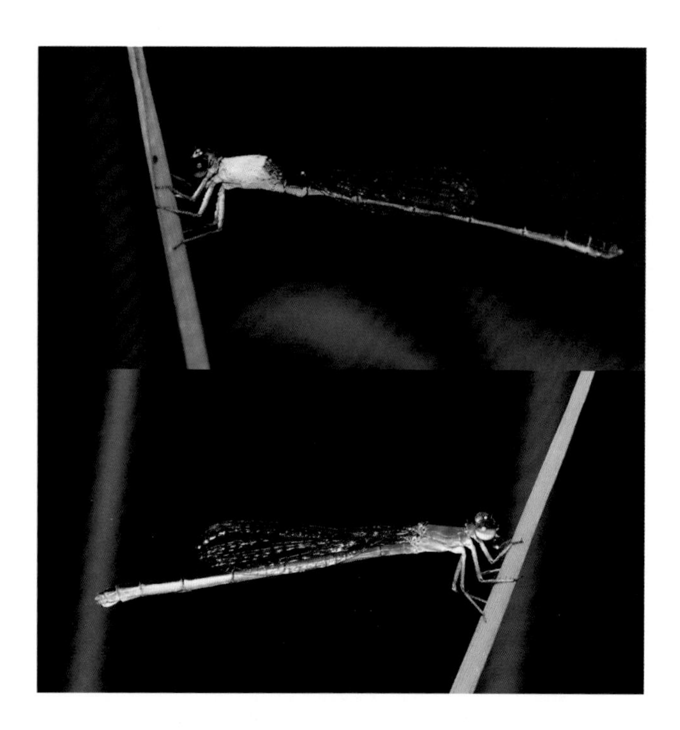

昆虫纲 蜻蜓目 蟌科 小蟌属

杯斑小蟌

Agriocnemis femina

【外形识别】体型－小型。雄性头部、合胸背面及腹部第 1～6 节为黑色，侧面为淡蓝色，腹部第 7～10 节为橙红色。肩前的条纹呈淡蓝色。成熟个体表面敷白色粉末。上肛附器短于下肛附器。雌性身体为橙红色，但成熟个体呈橄榄色。翅透明。翅痣为灰色。前翅结节横脉有 5～6 条，后翅结后横脉多数为 4 条。上肛附器较短，呈红色；下肛附器较长，端部内方有一簇硬毛。

【生活习性】常栖息于海拔较低的静水环境中，如水塘、池塘、人工水渠等地。对水质要求不高，喜集群活动。

【分布地域】中国陕西、浙江、江苏、福建、贵州、云南、海南、香港、台湾等地。

中国最小的蜻蜓之一

杯斑小蟌应该算是中国蜻蜓目昆虫中体型最小的物种之一了。它们喜欢在低海拔较为温暖的静水环境中成群活动。虽然这种昆虫的体型非常小，但它们其实是凶猛的肉食性昆虫。杯斑小蟌喜欢趴伏于植物叶片上，等待上方更小的昆虫（一般为双翅目昆虫）飞过，然后腾空将其捕获，进而取食。有趣的是，杯斑小蟌在不同的成虫时期体色不同，不过这种现象在蜻蜓目昆虫中并不算罕见，对于很多种类，我们都可以利用这种方法区分它们的老熟个体和亚成熟个体。

昆虫纲 蜻蜓目 综蟌科 绿综蟌属

细腹绿综蟌

Megalestes micans

【外形识别】体型 - 中至大型。雄虫的复眼呈蓝绿色，面部和胸部为墨绿色，并且泛着紫红色的金属光泽，前胸为黄色，胸部侧面有黄色条纹。翅透明，翅痣为红褐色，足为黑色。腹部第 1 ~ 2 节为金属绿色，第 3 ~ 10 节为褐色或深褐色，第 9、10 腹节上覆盖着粉霜。雌虫与雄虫形态、色彩相似，合胸脊有黄色条纹。

【生活习性】常栖息于 1500 ~ 3000 米海拔地区的森林溪流等环境中。喜欢水流较缓的水域。平时喜欢伏于水系周围的植被上，遇到危险可做短距离飞行。

【分布地域】中国广西、四川、云南等地。

小贴士

在树枝上产卵的蜻蜓

很多科普文章讲解“如何区分蜻蜓和豆娘”时，都会提到蜻蜓休息时翅在身体两侧摊开，而豆娘休息时翅会在身体背面合拢。这个说法虽然适用于大部分情况，但其实也有不少的例外。如综蟌科昆虫成虫停落时，除产卵等情况外，其实很少会将翅合拢于身体背面。另外，综蟌科昆虫还有一个非常有趣的行为，便是会将卵产于树枝上，而非水中。它们的稚虫在破卵后才会爬到水中，这一现象在蜻蜓家族中还是很罕见的。

昆虫纲 蜻蜓目 待定科

兴隆野蟌

Agriomorpha xinglongensis

【外形识别】体型－小至中型。雄虫面部为黑色，额部有白色条纹。复眼为黑色。胸部为黑色并有白色条纹，足为黄褐色。翅透明，翅痣为黑色。腹部为黑色，第 2～7 节侧面有白色斑点，第 8～10 节为白色。下肛附器长度约为上肛附器的 1/3。雌虫与雄虫相似，不过体色更为灰暗。

【生活习性】常栖息于海拔 1000 米以下的森林渗流石壁或小型瀑布等环境中。不喜飞行，常伏于水域附近的植被上，停落时四翅折于后方。每年 4—7 月可见其成虫飞行。

【分布地域】中国海南。

小贴士

分类谜团

兴隆野螅是一种中国特有的蜻蜓目昆虫，更严谨地说，应该是海南特有的蜻蜓目昆虫。这种昆虫最喜欢在低海拔阔叶林中的渗流石壁环境中栖息。它们不爱飞行，经常由雄虫各占据一个有利的位置（通常是植被上），观察雌虫或“不速之客”的到来。在当今主流的蜻蜓目昆虫分类中，野螅属并不符合任何科级阶元的特征，因而被称为“色螅总科待定科”。

不完全变态类昆虫

不完全变态类昆虫实际上就是指那些不完全变态发育的昆虫。它们最大的特点便是在整段生命中不具备“蛹”这个阶段，而且幼体与成体无论形态还是习性都有着或多或少的相似性。

其实，不完全变态发育还可以再细分为4个发育类型。第一个是以蜉蝣目昆虫为代表的原变态，其特点是上文提到的有一个亚成虫期，它们幼年时被称为“稚虫”。第二个是以蜻蜓目昆虫、襀翅目昆虫等为代表的半变态，其特点是幼年期与成年期生活的环境不同，幼年期水生，这造成其形态、呼吸系统等与成年期具有明显的差异，它们幼年时也被称为“稚虫”。第三个是以螳螂目昆虫、直翅目昆虫、绝大多数半翅目昆虫等为代表的渐变态。它们的幼年期与成年期生活环境相同，以至于它们在形态、呼吸系统甚至习性上都非常相似，它们幼年时被称为“若虫”。第四个则是以缨翅目昆虫、少部分半翅目昆虫为代表的过渐变态。在从幼年期发育为成年期的过程中，它们会经历一个不吃食且不怎么运动的“拟蛹虫期”，发育过程明显比渐变态要复杂，它们幼年时也被称为“若虫”。

昆虫纲 蜚蠊目 蜚蠊科 大蠊属

美洲大蠊

Periplaneta americana

【外形识别】早期的卵鞘是白色的，后会逐渐演变为褐色至黑色，每个卵鞘都有 14～16 粒卵。成虫体长 29～35 毫米，呈红褐色，翅长在腹部末端。触角很长，前胸背板上有明显的“T”字图案，图案后缘有完整的黄色带纹。足上有锯，尾须较为明显。

【生活习性】若虫约经过10次蜕皮后化为成虫，若虫期长约1年，但在温度高、食料丰富的条件下，若虫只需 4～5 个月就可以生长为成虫。雌虫一生可产 30～60 个孵鞘，最多可以达到 90 个。它们的寿命为 1～2 年，完成 1 代的成长约需两年半。无雄虫时，雌虫还能无性生殖，产出不受精的卵鞘，其中部分孵化出雌若虫。成虫善疾走，也能做近距离飞行。

【分布地域】全国。

小贴士

神奇的美洲大镰

美洲大蠊可谓是很多人的居家梦魇。过往中国北方经常出现的蟑螂为德国小蠊，而南方出现的才是美洲大蠊，但近年随着物流行业的发展，美洲大蠊迅速扩散至全国。相比于德国小蠊，美洲大蠊的个体更大，而且喜欢飞行，这会让很多本身就害怕昆虫的人相当发怵。但是它们并不是“有百害而无一益”的。自古以来，蟑螂就被我国中医药学作为中药材，具有活血散瘀、利尿消肿等功效。而最新的研究表明，美洲大蠊体内确实有让伤口迅速愈合的成分，并大量投入医药的生产，比如著名的康复新液就是用美洲大蠊的提取物制成的。

昆虫纲 蜚蠊目 鳖蠊科 真地鳖属

中华真地鳖

Eupolyphaga sinensis

【外形识别】体型 – 中型。雌雄二型。雌虫身体的颜色与黑色相近。头部隐藏在前胸下方，较小。有着咀嚼式的口器，触角为丝状。身体扁平，呈椭圆形，背部稍隆起，整体如同锅盖一般。雌虫无翅。雄虫有翅。雄虫的前翅有着褐色网状斑纹。前足胫节有 8 枚端刺，1 枚中刺。腹部 9 节，第 1 腹节被后胸背板所覆盖。

【生活习性】常栖息于阴暗潮湿并具有丰富腐殖质的环境中。具有较强的避光性，一般在夜间进行觅食。成虫主要以腐殖质及动物尸体等为食。遇到危险时，中华真地鳖会迅速逃脱，若被捕食者控制住，则会做出假死行为。较耐寒，但对于高温会出现不耐受的现象。

【分布地域】中国辽宁、河北、北京、天津、内蒙古、山西、陕西、宁夏、甘肃、青海、新疆、山东、江苏、上海、湖北、湖南、四川、贵州等地。

小贴士

土鳖的真身

土鳖其实就是中华真地鳖，很久以前它们就被人们发现并论述。土鳖作为中药材具有活血化瘀、增骨续筋等功效，故而也被称为“接骨虫”。另外，目前已有大量的养殖场大规模养殖土鳖，除了为中药店提供原料外，还提供给很多餐厅，制作成菜肴。

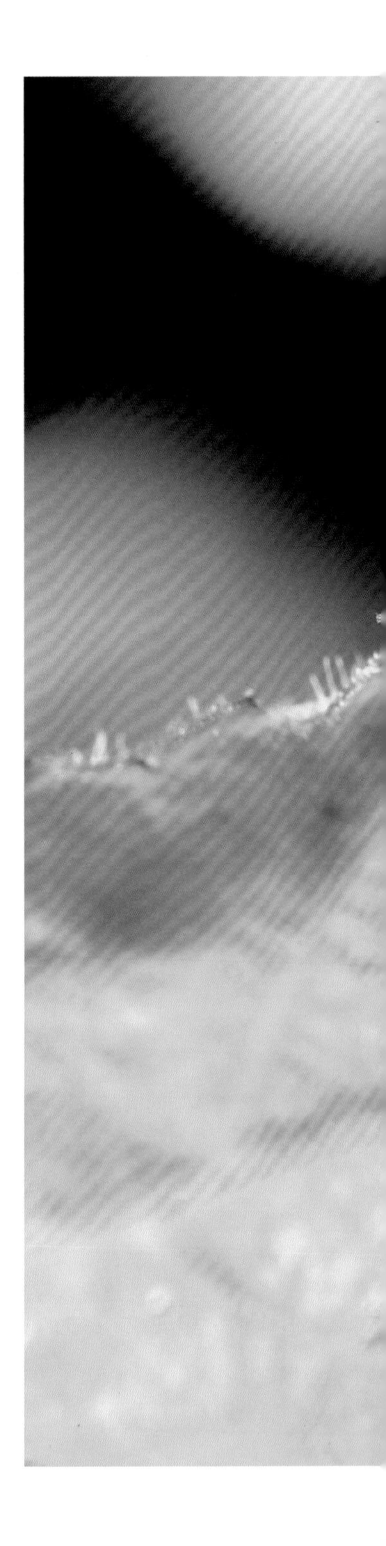

昆虫纲 蜚蠊目 姬蠊科 拟截尾蠊属

黄缘拟截尾蠊

Hemithyrsocera lateralis

【外形识别】体型 - 小型。头部为黑色，前胸背板较为宽大，呈黑色并具有一圈黄色环纹。翅为黑色，并且翅外缘侧面有黄色的条纹，后翅为膜质。足为黑色，有着橙黄色的硬刺。腹部末端有 2 根淡黄色的尾须，常位于翅末端两侧。

【生活习性】胆小，常栖息于植被叶中，一旦遇到危险会迅速躲藏于叶后。以植食为主的杂食性昆虫。每年 5—9 月均有发生。

【分布地域】中国广西、广东、贵州、云南。

小贴士

不一样的蟑螂

在我们的生活中，蟑螂常常被视为丑陋、不干净的代表。但是，蟑螂是对昆虫纲蜚蠊目昆虫的统称，真正可以在人类家中生活的蟑螂种类占整个蟑螂类群不到1%，如德国小蠊、美洲大蠊、澳洲大蠊等，还有很多的蟑螂生活在远离人类的丛林、山野中。

黄缘拟截尾蠊就是一种喜欢栖息于较低海拔阔叶林、林缘或庭院植被较丰富的环境中的蟑螂。它们不仅不会前往人类家中，甚至在不小心爬进住宅后，会很快因为环境不适等原因死掉。黄缘拟截尾蠊还是一种主要以植物及腐殖质等为食的昆虫，在大自然中也起着分解者的作用。这对于自然循环有着十分积极的作用。另外，黄缘拟截尾蠊的“颜值”也不低。金色与黑色交错的身体，让它们有了极高的辨识度。

栖息在朽木中的补充型繁殖蚁

正在婚飞中的繁殖蚁

昆虫纲 蜚蠊目 白蚁科

白蚁

Termitidae

【外形识别】体型较小，呈暗色或乳白色，触角为念珠状。有着圆形或者卵圆形的头部，一些兵蚁和工蚁的头部则近乎方形、梨形或锥形等，并有较高程度的特化。有3对步行足。不同品级的白蚁，中胸和后胸可能有2对翅或无翅。翅为膜质，较狭长。繁殖蚁婚飞结束后，会将翅蜕去。腹部呈圆柱形或橄榄形，具有10个腹节。前8个腹节两侧各有1个气门，通常第10腹节的背板逐渐变尖，并将肛门覆盖。在腹部末端，通常具有1对尾须，位于第10腹节腹板两侧。

【生活习性】大部分白蚁的栖息地的海拔并不高，低海拔、较温暖且木材较多的原始森林是它们最喜爱的生活环境之一。当然，也会有少数高海拔分布的现象。具有社会性。几乎所有的白蚁都有筑巢的习性。一般来说，蚁巢的类型根据筑巢地点会分为木栖性蚁巢、土栖性蚁巢等。也有一些白蚁类群自己并不筑巢，而是寄居在其他白蚁的巢内生活。除此以外，很多白蚁巢内还会有其他无脊椎动物寄宿，它们有些会和白蚁形成互利共赢的关系。

【分布地域】中国各地。

象白蚁的兵蚁头壳延长

口器极度特化的兵蚁

小贴士

紧密的组织架构

在一个白蚁巢内，所有个体并不是简单地聚合在一起，而是具有严密的组成比例及各自明确的分工。从生物学类型上来讲，白蚁群中的个体仅分为两大类，即繁殖蚁和非繁殖蚁。这两个类型又分了不同的品级，其地位和分工均不同。

繁殖蚁的第一品级称为原始蚁王和蚁后，这一品级的个体有翅成虫可以通过婚飞进行繁殖。繁殖蚁的第二品级称为短翅补充蚁王和蚁后，繁殖蚁的第三品级称为无翅补充蚁王、蚁后。在蚁群进行长途跋涉，找不到回家的路时，第二、三品级的补充蚁王、蚁后就会上位，并承担繁殖工作，建立起一个新的蚁群。

非繁殖蚁的品级只有两个，即工蚁和兵蚁。其中，工蚁是白蚁巢中个体数量最多的一个品级，它们主要承担建筑、觅食、抚育幼崽、喂养蚁后等工作。而兵蚁在数量上与工蚁相差甚远，但比繁殖蚁的数量要多，主要负责保卫群体等战斗类工作。绝大多数的白蚁巢内都有兵蚁，目前仅发现极少数种类缺少兵蚁。

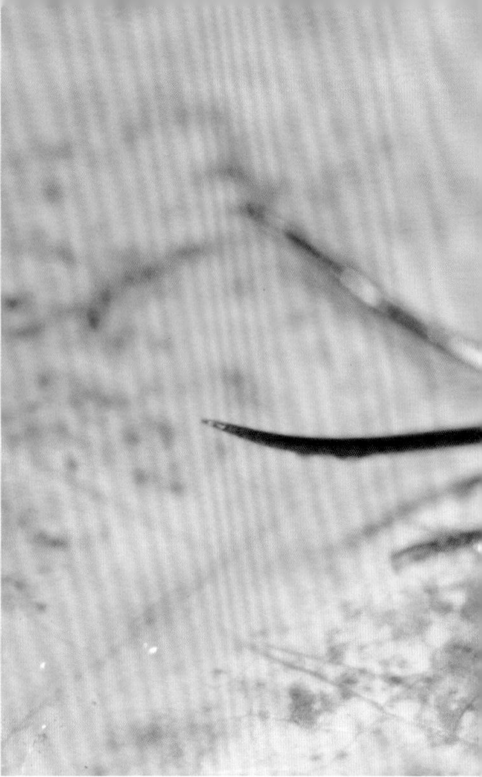

昆虫纲 革翅目

蠼螋（革翅目）

Dermaptera

【外形识别】体型－小至中型。身体大多狭长，体表较为坚硬。大多数的蠼螋身体都呈暗色调，以黑色、褐色、红褐色等为主，但也有一些种类的体色较为鲜艳。蠼螋的头部扁宽，有着丝状触角。前后翅的形态完全不同。

绝大多数的革翅目昆虫前翅为革质，比较坚硬，没有翅脉；而后翅呈膜质，比前翅要大得多，平时在经过极为复杂的折叠后，藏匿于前翅下方。革翅目昆虫的腹部由 11 个腹节组成，第 1 腹节常与后胸后背板愈合在一起。腹部的末端常有 1 对极为坚硬且特化为铗状结构的尾须，或称尾铗。不同种类或不同性别的蠼螋的尾铗形状常有不同。

【生活习性】在热带、亚热带、温带、寒带都有它们的足迹。具有夜行性，白天会躲藏在避光的环境中。不同蠼螋的食性并不相同，虽大部分以植物碎屑、花粉等为食，但也有一些种类具有肉食或其他食性。一生会经历 3 个阶段，即卵、若虫和成虫。若虫和成虫的形态极为相似，但若虫没有发育完整的翅和生殖器官。蠼螋的寿命大多可以达到 1 年左右，在很多热带地区还会在 1 年内发生 3~4 代，形成世代重叠的情况。

【分布地域】中国各地。

小贴士

舐犊情深

革翅目昆虫最具特点的习性当属护卵行为。一般来说，雌性蠼螋会一次性将卵全部产完，产卵量多为10～30枚。当产卵完毕后，雌虫会将卵聚集在一起，并守护在卵的上面。为了不让卵被真菌感染，雌虫还会不时地舔吸卵表面的有害真菌，并会对卵进行翻动和搬运。当卵孵化成若虫后，低龄的若虫仍会受到雌性成虫的保护。当遇到危险时，雌虫会将腹部举起，并张开腹部末端如铗子一般的尾须恐吓对方。

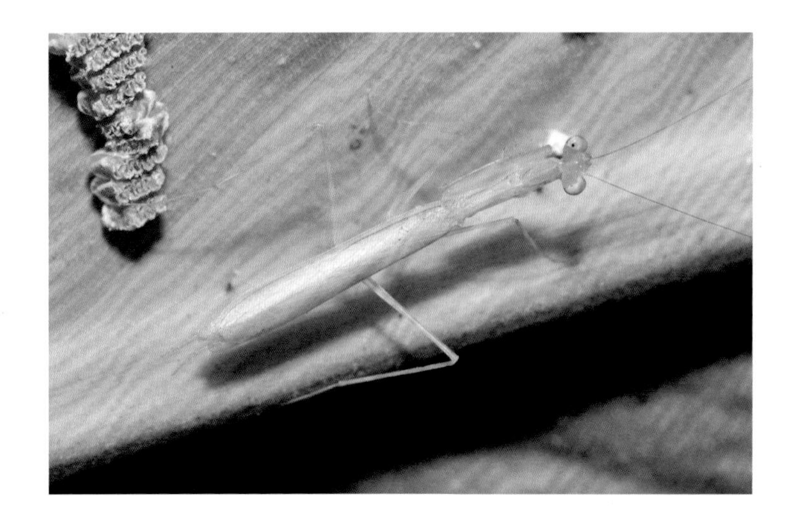

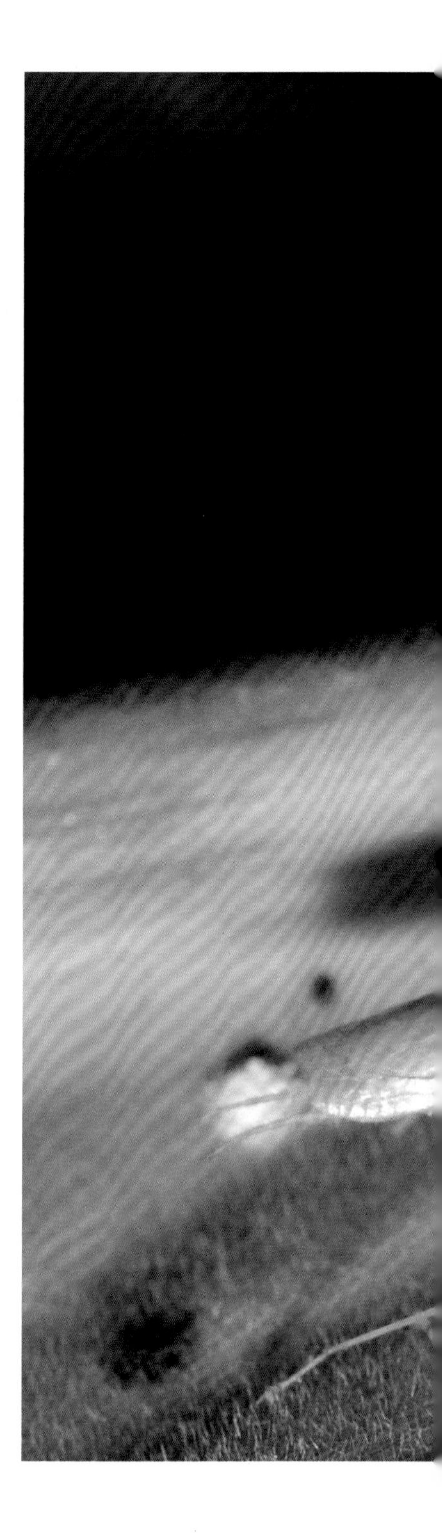

昆虫纲 螳螂目 虹翅螳科 细螳属

云南细螳

Miromantis yunnanensis

【外形识别】体型－小型，纤细。身体大多为黄绿色，前翅透明伴有黄绿色，后翅无色透明。前足胫节有5~6枚外列刺。复眼稍突起，前胸背板细长，与前足基节几乎等长。尾须明显长于翅尖。

【生活习性】常栖息于热带低海拔地区的阔叶林中。胆小，一般喜爱躲藏在野桐等宽大叶片的背面。通常可见一棵植物上聚集数量较多的云南细螳。夜晚较白天活动更频繁，以若虫形态越冬。

【分布地域】中国云南。

小贴士

胆小的螳螂

螳螂经常会给人们“威猛、凶狠”的印象，甚至有童谣形象地描述这类昆虫：“螳螂哥，螳螂哥，肚儿大，吃得多。飞飞能把粉蝶捕，跳跳能把蝗虫捉。两把大刀舞起来，一只害虫不放过。”虽然现在科学界在保护生物多样性的大环境下，已经不提“害虫”这个词了，但这首童谣依然从侧面体现出，人们对于螳螂的刻板印象。事实上，螳螂目昆虫也有很多体型较小、胆小敏感的种类，云南细螳就是其中具有代表性的一种。除了与大多数螳螂给人的感觉不同外，云南细螳还有一个行为非常值得讨论。虽然目前没有资料记载这种螳螂有护卵的行为，但是笔者几次在野外遇到云南细螳时，其身旁都有其卵鞘，甚至有一次还看到成虫旁边有很多若虫。因此，笔者推断这种有趣的小螳螂还有护卵或护幼的习性。

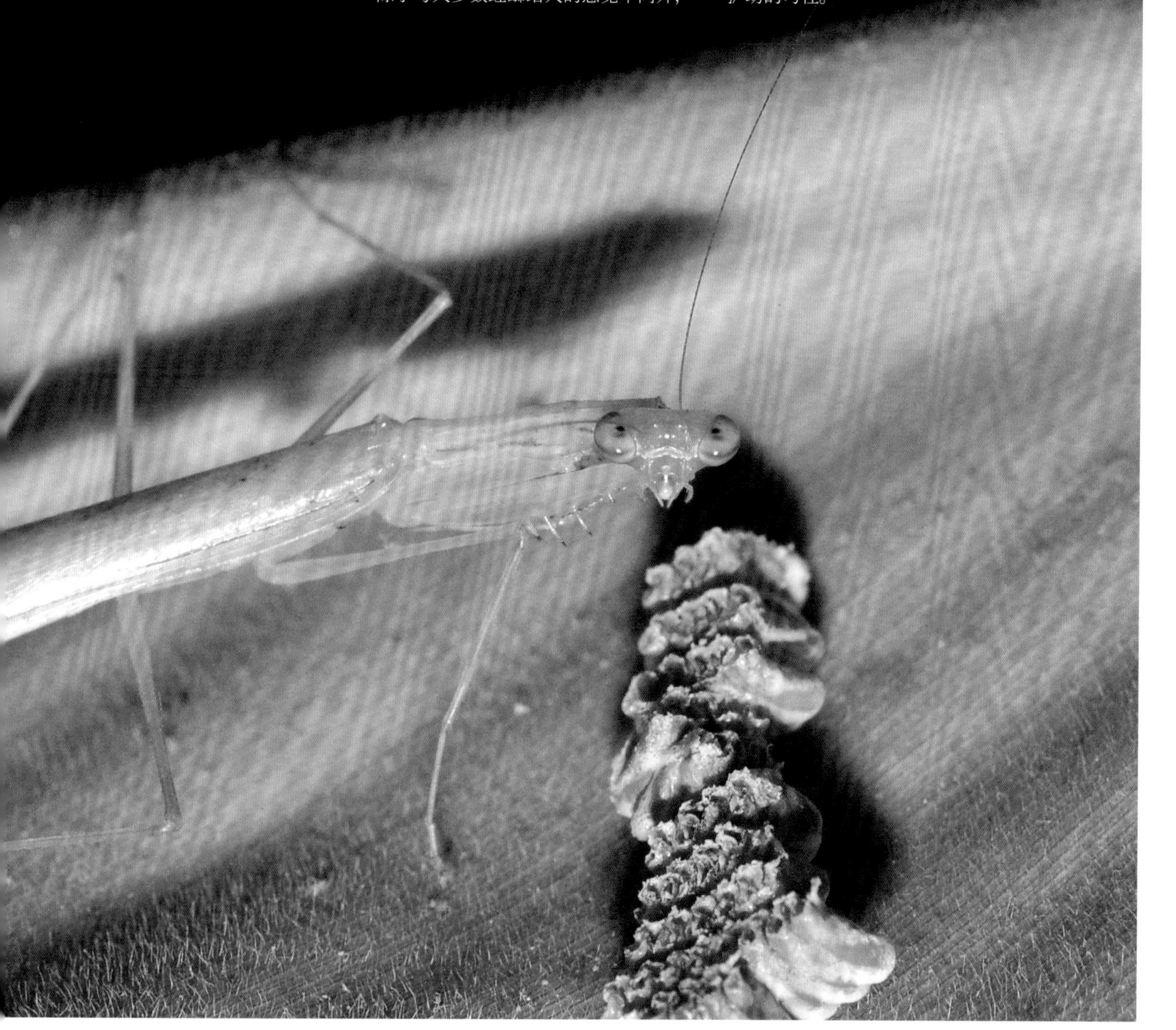

昆虫纲 螳螂目 螳科 斧螳属

广斧螳

Hierodula patellifera

【外形识别】成虫体型-大型，长约50~65毫米。有着相对较大的头，前胸较短，腹部宽而短，前足腿节有2~4个较大的黄色疣突。前翅背两侧各有1个醒目的白色或黄褐色斑痣，后翅透明且与前翅等长。体色从草绿色到紫褐色及各种程度的过渡色都有，以绿色最为常见。褐色个体在干旱年份出现较多。

【生活习性】肉食性昆虫。渐变态（幼虫和成虫的生活环境、习性都十分相似，渐变态种类的幼虫被称为若虫）。以卵鞘形态越冬，次年6月下旬开始孵化。低龄若虫栖息于较低处，4龄（3次蜕皮）后逐渐移至树上。习性凶猛，捕食多种昆虫，甚至包括同类。交配时，雌虫常常吃掉雄虫补充营养，以便产卵。雄虫被吃后，腹部可继续进行交配。

【分布地域】中国各地。

小贴士

“弑夫”行为

早期的博物学家观察到一种被称为“欧洲薄翅螳”的昆虫在交配时具有“弑夫”行为，便将其记录了下来。后来该记录逐渐传到世界各地，很多研究者都对其进行了验证。但当时所观察到的螳螂大多为极其常见的刀螳、斧螳，以至于大多数人都认为所有螳螂在交配时均有“弑夫”的行为，但实际上螳螂中也有不“弑夫”的种类，如巨腿螳属以及很多雌雄体型相近的类群。

昆虫纲 螳螂目 虹翅螳科 瑕螳属

顶瑕螳

Spilomantis occipitalis

【外形识别】体型－小型。成虫呈黄褐色至褐色，触角上有 2 段为白色。额部有十分宽的盾片，上缘呈弧形。前胸背板具有明显暗褐色斑点，前足股节有 4 枚外列刺、4 枚中刺。前翅较为发达，具有明显网格状翅室，后翅透明并有着较强的虹彩。后足第 1 跗节长于其他跗节之和。

【生活习性】喜欢栖息于温暖的林地环境。行动极为迅速。成虫常于林下植被中休息，遇到危险可做短距离飞行。

【分布地域】中国广东、云南、海南等地。

模仿蚂蚁的螳螂

顶瑕螳是一种生活在热带及亚热带地区的“国产”螳螂。它们的个体非常小，我们可以根据其触角中段的白色进行辨认。这种螳螂在若虫期会模仿蚂蚁，具体方法是将前足（捕捉足）抬起，并不接触地面，但会配合爬行动作进行前后移动。加上它们较深的体色，使得很多动物都会把顶瑕螳认作蚂蚁。

海南角螳拟态树枝上的苔藓

昆虫纲 螳螂目 角螳科 角螳属

海南角螳

Haania hainanensis

【外形识别】体型－小型。身体为黄褐色或青灰色，略带绿色。头顶深凹，复眼呈锥状，靠近复眼处有多个角状突起。前胸背板上有 1 条中隆线，中隆线长着齿形突起。前足基节着生处扩展明显，基节略短于前胸背板，胫节外侧有 2 枚刺，内侧则有 4 枚，而且第 4 枚位于第 3 枚的背侧，形成了背端刺。中后足细长。翅长于腹部末端，前翅与体色相同，后翅较发达，无色透明。腹部呈叶状扩展。

【生活习性】常栖息于海拔较低、潮湿且植被丰富的环境。以若虫形态越冬，喜欢在有很多附生植物的树干上活动。主要以小型昆虫及其他无脊椎动物为食。雄虫具有趋光性。

【分布地域】中国海南。

小贴士

身披“吉利服”的“猎手”

海南角螳有着十分高明的拟态手段，它们的身上就像披了一层“吉利服”。这层模拟树皮上附着苔藓的伪装可以帮助它们快速融入周围环境，从而有效地躲避天敌，也能帮助它们隐蔽地靠近猎物，从而一击毙命。

昆虫纲 螳螂目 怪螳科 怪螳属

海南怪螳

Amorphoscelis hainana

【外形识别】体型 - 小型。有着丝状触角。身体为褐色或黑褐色。前足为捕捉足，腿节仅有 1 枚中刺，内外列刺缺失。胫节也没有刺，前足跗节基节明显长于其他各节的总和。前、后翅均是透明的，前翅色暗，并且具有不规则的深色斑纹或斑点。后翅无色透明。尾须细长，末端膨大。

【生活习性】常栖息于中低海拔地区的树丛、森林、林缘等环境中。喜欢在乔木树干上活动。主要捕食树干上的昆虫或其他无脊椎动物，遇到危险时会逃到树干的反面，或顺着树干向上快速爬行，也有直接飞离树干的现象。雄虫具有较强的趋光性。

【分布地域】中国海南。

小贴士

另类的捕捉足

一说到昆虫的捕捉足，大部分人都会想到螳螂目昆虫。它们绝大多数有着壮硕、多刺的“双刀”（捕捉足），并用这种“武器”来捕杀昆虫。然而，在螳螂目昆虫中，有一个类群则相对比较“怪异”：它们虽然也有捕捉足，但捕捉足的腿节仅有 1 枚中刺，胫节无刺，“杀伤力”看上去小了许多，这便是怪螳科。海南怪螳就是怪螳科的一种，目前仅发现于中国海南省。它们喜欢在乔木的树干上伏击猎物，而且因为海南多数树干上生有地衣、苔藓等植被，它们的体色也和地衣相似，真正做到了“攻防兼备”。

昆虫纲 螳螂目 花螳科 花螳属

冕花螳

Hymenopus coronatus

【外形识别】 雌雄虫差异较大。雌虫体型 - 大型，通体呈淡黄白色或者略带一丝粉色。复眼呈锥形，长着刺。头顶有锥状突起。前胸背板基部和前翅基部呈褐色至深褐色，后翅呈黄色至米黄色，边缘透明。前足为捕捉足，胫节有 21 ~ 23 枚外刺，17 ~ 20 枚内刺。中、后足腿节呈叶状扩展。雄虫体型较小，体长是雌虫的 1/3 左右。整体呈黄褐色，前胸基部与前翅基部呈褐色。中、后足腿节虽然仍有叶状扩展，但较雌虫窄。若虫呈粉红色，中、后足亦有叶状扩展。

【生活习性】 常栖息于十分温暖的热带雨林等环境中。捕食能力强，主要以各类昆虫及其他无脊椎动物为食。喜欢伏击猎物。若虫模拟落花，以吸引其他昆虫，并将其捕食；而成虫则模拟开败的花朵的形态，不过作用仍然是吸引猎物进行捕食。在交配的时候，冕花螳有“弑夫”行为，雌虫有时会吃掉自己的“丈夫”。

【分布地域】 中国云南。

小贴士

兰花螳螂

冕花螳因其若虫期的体色和形态与兰花非常相似，故而有“兰花螳螂”的美誉。然而，很多人却因此误以为冕花螳是模拟兰花，并在兰科植物上隐藏自己进行猎物捕捉的，甚至有很多人将冕花螳放置在兰花上进行拍摄，但这其实与冕花螳的习性不符。冕花螳在若虫期模拟的是掉落的花朵，从而吸引那些以落花为食的昆虫上前；到了成虫期，则模拟已经开败并掉落的花朵，同样是为了吸引以落花为食的昆虫。因此，在野外，很难在花朵上寻到它们的踪迹，应该在花朵下方的叶子上寻找，这样才有可能见到美丽的“兰花螳螂”。

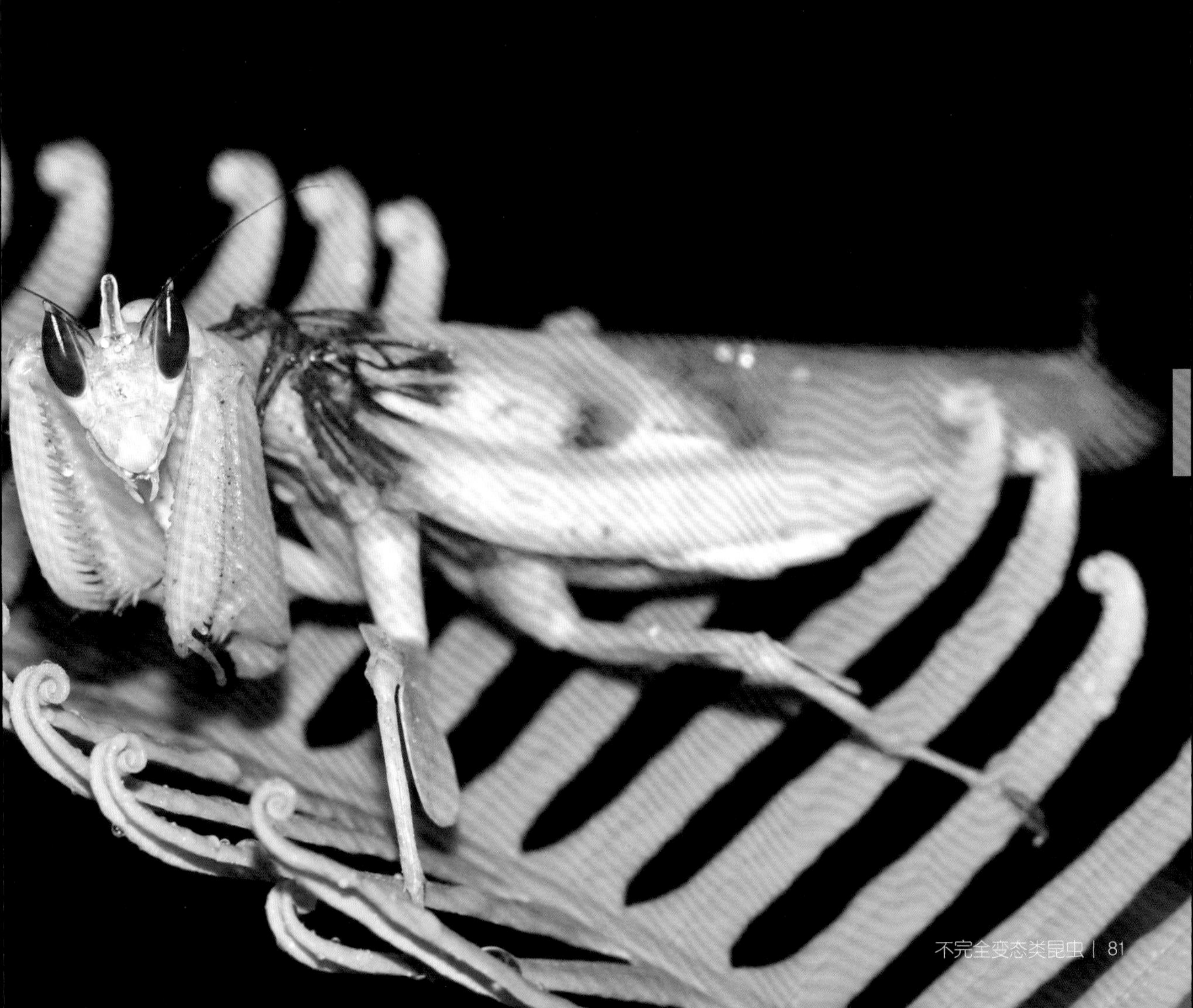

昆虫纲 螳螂目 花螳科 角胸螳属

索氏角胸螳

Ceratomantis saussurii

【外形识别】体型－小型。身体为淡黄色至淡棕黄色。头顶部有一处锥状突起，并在顶端分叉。前胸背板长有一块锥状突起，前足扩展较明显。前翅为淡黄色至透明，并有褐色条纹。雄虫后翅透明，雌虫后翅为茶色至淡橙黄色。

【生活习性】常栖息于植被丰富的阔叶林等环境中。雄虫善于飞行，而且具有趋光性。以小型昆虫或小型无脊椎动物为食。攀附能力较强，喜欢藏匿于叶片背面。胆小，对环境变化较为敏感，不易在野外接近。

【分布地域】中国云南、海南等地。

小贴士

变成一坨“排泄物”

索氏角胸螳的体型非常小，而且无论体色还是形态，都模拟成了鸟粪的样子。实际上，如果我们仔细观察，会发现很多昆虫及其他无脊椎动物都有模拟动物排泄物的行为。这样一来，它们不仅不会被自己的天敌发现，还能更加接近猎物，甚至让猎物主动接近自己。索氏角胸螳喜欢在雨林中倒伏的朽木等环境中活动，其“排泄物”般的形态，也能让它们很好地隐藏在周边环境中。

昆虫纲 螳螂目 花螳科 弧纹螳属

华丽弧纹螳

Theopropus elegans

【外形识别】体型 - 中至大型。头顶部突起，复眼隆起。前胸背板呈三叶形并向外扩展，前胸的基部、两侧后端为黑色。前翅为鲜绿色，基部有带黑色边缘的白色斑点，翅中央还有一条贯穿的带黑色边缘的白色条带。中足和后足股节有轻微的叶状扩展。雄虫后翅透明，雌虫后翅有明显的黄绿色，边缘透明。

【生活习性】喜欢栖息在较潮湿的低海拔地区。每年 6—9 月发生。喜欢在低矮的植被上栖息或觅食，较为凶猛。雌虫遇到危险时，会展翅并将前足横向展开做恐吓状。

【分布地域】中国广东、广西、福建、云南等地。

小贴士

背着“人脸”的螳螂

华丽弧纹螳体色艳丽，行动敏捷，是一种高“颜值”的螳螂目昆虫。它们的翅一旦合拢，上部便会呈现出两个黄色的圆斑，而底下则有一道贯穿左右的弧纹，就像一张人脸，虽然这种图案的具体作用现在还没有一种确切的说法，但很多科学家都认为，人脸图案是一种十分有效的恐吓天敌的方法。因此，除了华丽弧纹螳外，我们还能在诸多昆虫（如很多半翅目昆虫等）的背部发现类似的人脸图案。

小贴士

来自远古的昆虫

襀翅目昆虫的起源十分久远。在距今约 3 亿年的二叠纪地层中，就曾发现过襀翅目昆虫的化石。随后的三叠纪、侏罗纪、白垩纪以及新生代各地层中也都有大量的襀翅目昆虫化石被发现。古生物学家们经过不断研究，目前认为现生的襀翅目昆虫的祖先存在于二叠纪时期甚至更久远的年代，被称为“原襀翅目”。

成虫喜欢趴在临水的岩石上

昆虫纲 襀翅目

石蝇（襀翅目）

Plecoptera

【外形识别】体型从小至大均有发现，但以中小型居多。触角呈丝状并有刚毛。前胸最为发达。大部分物种在中、后胸各有一对膜质翅。腹部末端常有一对明显的尾须，有些类群的尾须还发生特化，用来辅助交配。第 8 腹节的腹板后缘中部有生殖器官，如生殖孔。

【生活习性】稚虫生活在水中，并在水环境中生存较长的时间。一般来说，襀翅目的稚虫在水中会生存几个月至几年不等，大多数种类会蜕皮 20 多次，最多可达 36 次。稚虫喜欢趴在临水的岩石、枯枝等环境中。成虫食性较为复杂，不同种类的食性完全不同，且一些种类的稚虫与成虫的食性亦不相同。

【分布地域】中国各地。

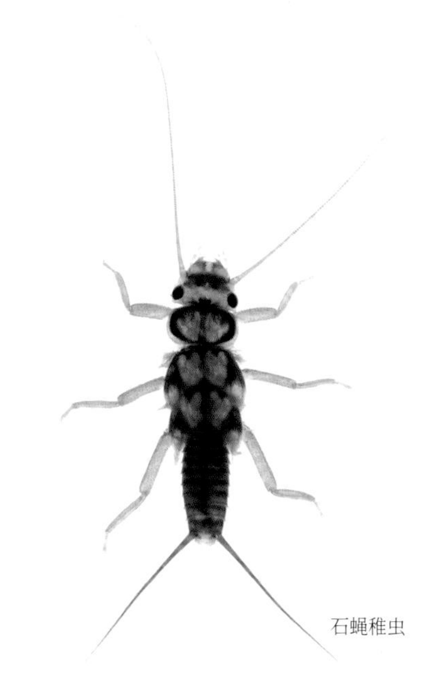

石蝇稚虫

栖息在枯叶上的蓟马

小贴士

什么是过渐变态

蓟马的发育极为有趣，被称为过渐变态发育。它在一生中，要经历卵、若虫、前蛹、蛹和成虫等阶段。一般来说，蓟马从卵中孵化后，1～2龄为若虫期，待到3龄时，若虫开始停止主动取食等行为，不过此时很多类群的蓟马还没有翅芽，故而此阶段被称为前蛹阶段。不同蓟马的前蛹期所处的龄期并不相同。前蛹期过后，便会

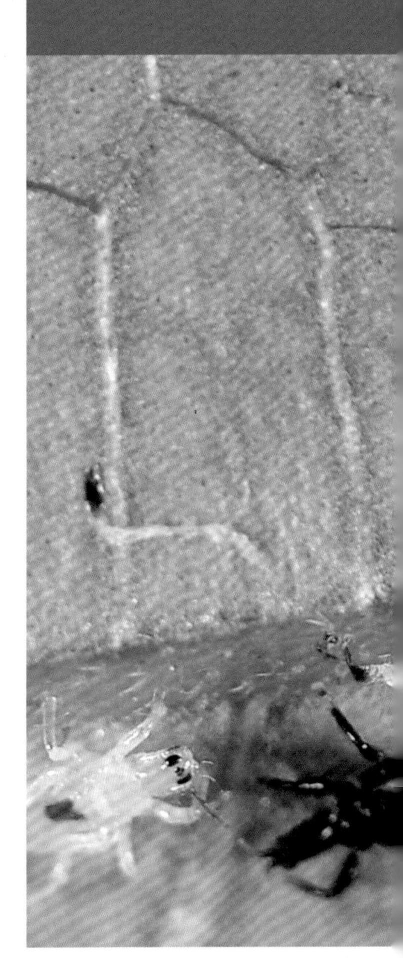

昆虫纲 缨翅目

蓟马（缨翅目）

Thysanoptera

【外形识别】体型极小，体长大多在3毫米以下，而且有很多种类的体长不到1毫米。成虫的体色以黑色、棕色、黄褐色为主，很多菌食性的蓟马体表都有红色絮状斑。头部为近圆形或近矩形，触角较短，而且触角上有感觉器。复眼着生在头部的两侧，大部分还有3只单眼，但有些无翅型物种的单眼退化了。有锉吸式口器。胸部较为发达，前胸背板宽阔。它们的翅形态特殊，大部分蓟马的前后翅均着生有缨毛。腹部由10个腹节构成，雄虫的外生殖器着生于第9腹节上，而雌虫的产卵瓣则着生在第8腹节与第9腹节腹面。

【生活习性】大多数缨翅目昆虫为植食性，喜欢取食植物的花朵、嫩叶等器官。大部分为两性生殖，但有少数物种可进行孤雌生殖。它们的繁殖速度除了和环境、种类有关系外，还与气候有较大的关系。

【分布地域】中国各地。

进入蛹期。过渐变态的蛹期和真正完全变态的蛹期有着许多极为明显的区别，这两种情况下的蛹受到惊扰时，会缓缓地移动。因此，我们甚至可以将蓟马的蛹期看作一个极为特殊的若虫龄期。蛹期结束后，蛹会变为成虫。因此，蓟马的发育既有不完全变态昆虫的特点，又有完全变态昆虫的特点，其可被看作这两大变态类型的中间过渡发育类型。

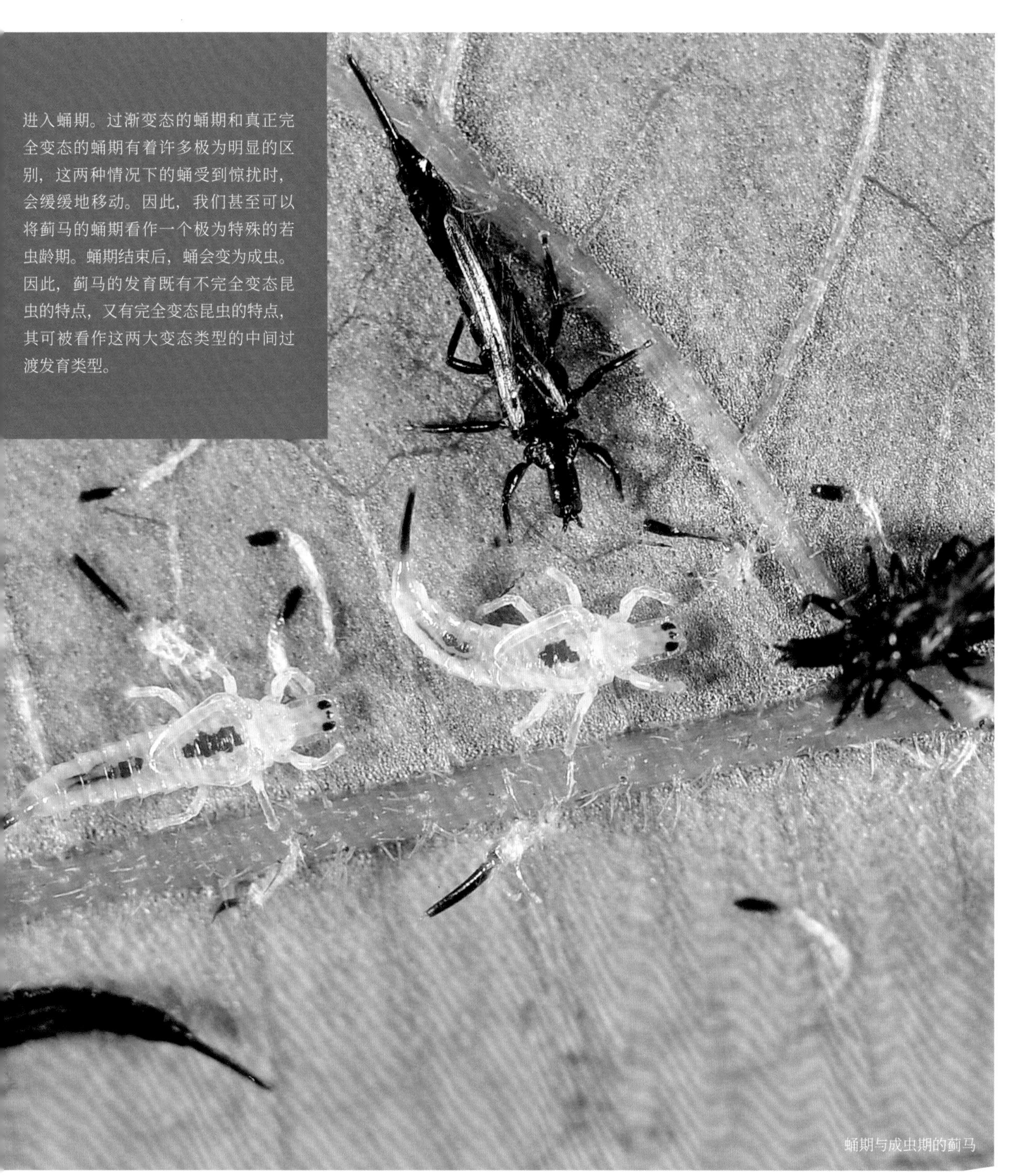

蛹期与成虫期的蓟马

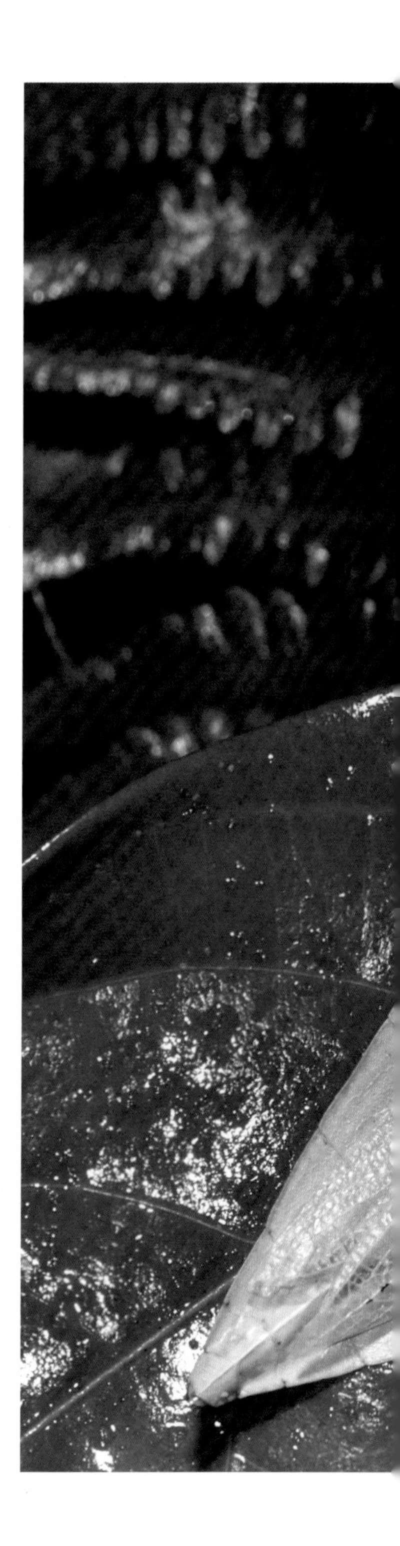

昆虫纲 䗛目 叶䗛科 叶䗛属

文娜叶䗛

Cryptophyllium wennae

【外形识别】体型 – 中型。身体为绿色。雄虫有黑色的触角尖端。头部和胸部为绿色，前足与中足腿节前端为褐色。翅透明，可延伸至腹部。腹部为绿色，第 3 ~ 6 腹节膨大，且从第 4 腹节开始逐渐向内收缩。

【生活习性】常栖息于海拔较低且壳斗科植物较多的环境中。喜欢于夜间活动觅食。遇到危险时会先在叶片中拟态，继而飞行逃脱。

【分布地域】中国云南等地。

小贴士

昆虫中的“拟态大师”

如果要评选昆虫家族的“拟态大师”，叶䗛肯定是候选者之一。它们的身体和叶片极为相似，甚至连叶片上的破损、卷叶等特点它们都可以完美模仿。在中国分布的叶䗛中，文娜叶䗛算是非常有特点的一个类群。其雄虫除了整体呈绿色外，在足的末端以及中足自腿节中部开始就会变成枯叶般的褐色。除此以外，文娜叶䗛的雄虫还十分擅长飞行，在天敌发现它们之前，它们一般会躲避于植被之中；而当天敌发现它们并且准备发动攻击时，它们就会利用飞行能力快速逃离。通过这种双重保护，文娜叶䗛取得了巨大的生存优势。不过，虽然文娜叶䗛较善于飞行，却不能进行长时间的制空。这可能也是它们自然分布较为狭窄的原因之一。

小贴士

神奇的防御手段

钩尾南华蛸是一种分布较为狭窄的竹节虫。它们与大家常常在电视上看到的竹节虫在形态上有着较为明显的差别，所以它们的家族也被称为“拟蛸科”。钩尾南华蛸是一种夜行性的昆虫，遇到危险时，会从植物上坠落，并迅速爬离。除此以外，它们身体的颜色与落叶层和土壤的颜色非常相似，所以很难在地上找到它们踪迹。当钩尾南华蛸被捕捉到时，它们会散发出一种难闻的气味，以驱赶捕食者，保护自己，这也是这种有趣的竹节虫的防御手段之一。

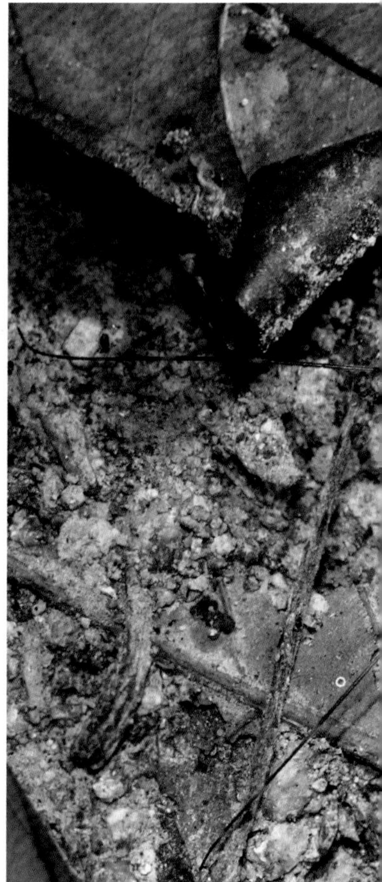

昆虫纲 蛸目 拟蛸科 南华蛸属

钩尾南华蛸

Nanhuaphasma hamicercum

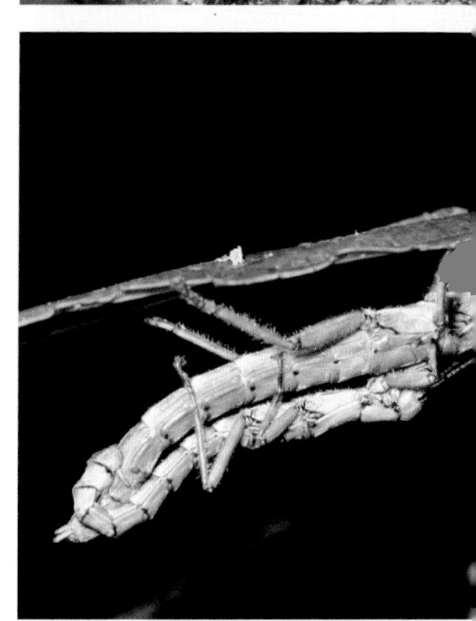

【外形识别】体型－中型。体表有光泽。头、头侧、足及尾须都长着长长的绒毛，其余地方长着短黄绒毛。身体为黄褐色。前胸背板前、后缘，以及前足胫节端部及足跗节呈褐色。头部为椭圆形。复眼为半球形，外突于体表。触角呈丝状，分节明显，长于前足端部。前胸背板的形状近似长方形，后胸背板则与中胸背板一样长。腹部背面呈半圆筒形，无肛上板，下生殖板的端部呈弧形。尾须呈圆柱状，较长，向上弯曲，端部有鱼钩一样的褐色钝齿。

【生活习性】常栖息于海拔较低的阔叶林等环境中。具有夜行性，爬行速度较快。遇到危险时会从植物上坠落，并释放液体恐吓天敌。

【分布地域】中国广西、海南等地。

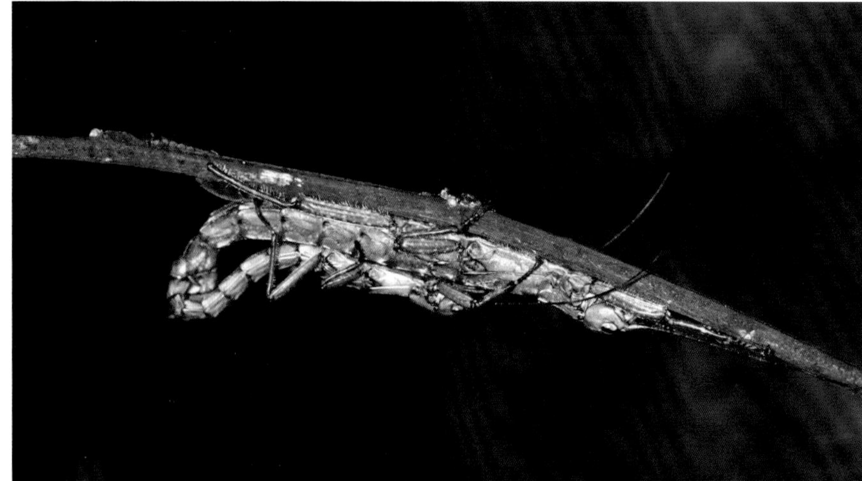

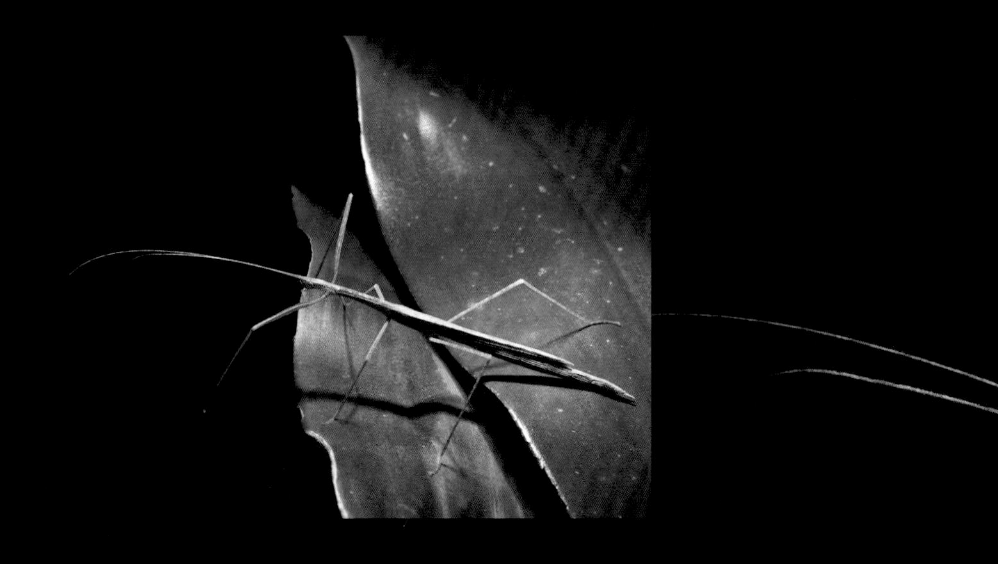

昆虫纲 䗛目 笛䗛科 管䗛属

棉管䗛

Sipyloidea sipylus

【外形识别】体型 - 中型。有着细长的身体。触角呈丝状，长于前足，分节不明显。通体呈浅棕色或棕黄色，并有浅灰褐色或褐色小斑点。有着浅粉色的透明后翅。腹部末端较尖。若虫身体为绿色，末龄若虫则为黄绿色。

【生活习性】常栖息于海拔较低的常绿阔叶林或禾本科植物较为丰富的环境中，有时会在农田等环境中活动。可进行孤雌生殖。常于夜间开始觅食。

【分布地域】中国甘肃、河南、浙江、广东、广西、福建、四川、贵州、云南、海南、香港等地。

小贴士

大胃王吃八方

棉管䗛是一种分布广泛的䗛目笛䗛科昆虫，遇到危险的时候会进行短距离的飞行。这种昆虫的食物种类非常多，如禾本科植物、蔷薇科植物、部分桃金娘科植物等，它们完全不挑食。它们还可以进行孤雌生殖，也就是说可以由母体直接产卵孵化下一代。除此之外，棉管䗛的卵带有黏性，所以雌性棉管䗛经常将卵产在缝隙中或植物叶片背面突起的叶脉旁。

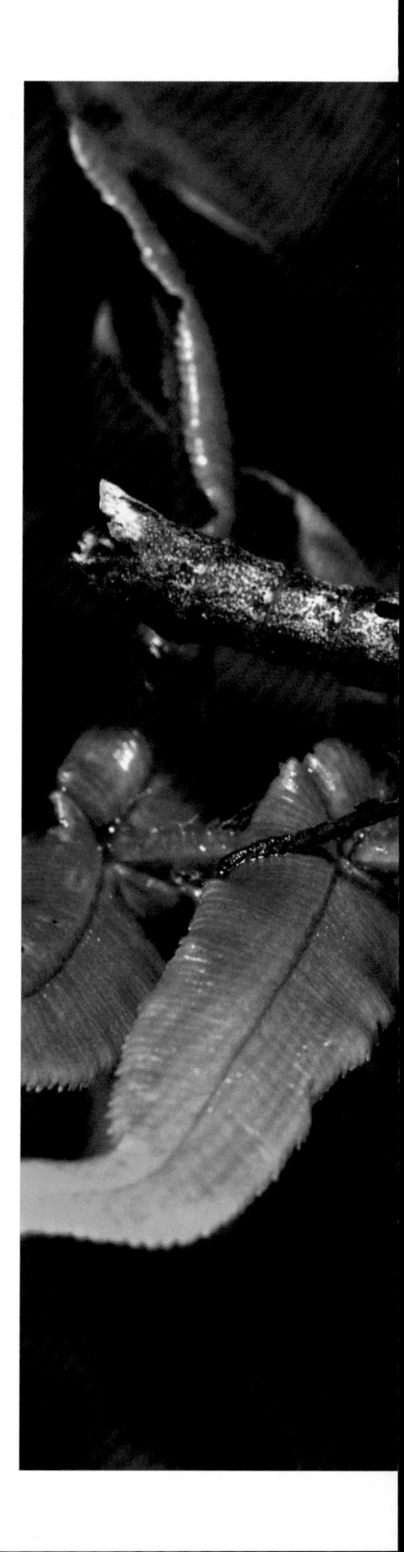

昆虫纲 䗛目 异䗛科 海南䗛属

高冠海南䗛

Hainanphasma cristatum

【外形识别】体型 - 中型。全身为灰褐色至褐色。有着丝状触角，头部有一对十分明显的瘤状“V”形突起。复眼为褐色。它们的 3 对足都是步行足。中、后足的腿节膨大。前胸背板上长着粗瘤，横沟位于中后方。中、后胸背面粗糙不平，中节比后胸的一半还短。第 2 ~ 5 腹节最宽，中节至第 8 腹节有“X”形纹，腹侧有瘤突，第 9 腹节背板向上隆起，后缘有后倾的脊突。尾须不外露。

【生活习性】常栖息于中海拔地区的常绿阔叶林等环境中。喜欢在夜间行动，常于天南星科植物及蕨类植物上活动。爬行较为缓慢，遇到危险时会如自由落体般掉落。若被抓住，会做出假死行为。

【分布地域】中国海南。

小贴士

食毒者

高冠海南䗛是一种仅分布于海南的䗛目昆虫。一般来说，䗛目昆虫主要以蔷薇科植物、壳斗科植物等为食，然而高冠海南䗛的食谱中却包含了部分天南星科植物。天南星科植物含有毒素，以它们为寄主的昆虫并不算多。目前认为，以有毒植物为寄主也是昆虫的一种自卫方式，这样昆虫不管是否有能力将植物的毒素转化为自身的毒素，都可以让天敌望而却步。

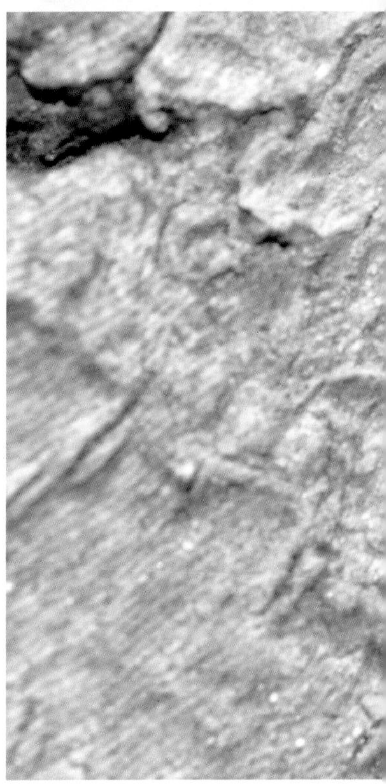

昆虫纲 纺足目

足丝蚁（纺足目）

Embioptera

【外形识别】体型－中小型。身体细长而且体壁较为柔软。体色多为黑色、黑褐色、褐色等暗色。头部近圆形，复眼为肾形，没有单眼。前足基跗节明显膨大，并具有可以纺丝的丝腺。雌虫没有翅，雄虫大部分都有翅，但也有无翅的雄虫种类。雄虫外生殖器结构复杂且不对称。

【生活习性】大部分纺足目昆虫生存于热带及亚热带地区，喜欢在树皮下、土壤缝隙、岩石缝隙等环境中挖掘隧道。在海拔较高的热带雨林环境中，浓密的苔藓植物也是纺足目昆虫的栖息环境之一。它们会利用丝将栖息的隧道覆盖。一般来说，只要不是在气温较低的情况下，纺足目昆虫都会不断地延伸自己栖息的隧道，并以此来寻找新的食物。纺足目昆虫的食性为植食性，真菌、苔藓、地衣，甚至树皮及落叶都是它们的食物。但有一些纺足目昆虫在交配后会有雌虫将雄虫吃掉的行为。

【分布地域】中国贵州、云南、海南等地。

“蜘蛛侠”的原型

“蜘蛛侠”是美国漫威漫画公司旗下的经典影视形象。在《蜘蛛侠》中，彼得·帕克由于被一只受过放射性感染的蜘蛛咬伤而获得了蜘蛛的能力，并利用这种能力来守卫城市。只不过，“蜘蛛侠”是用手腕出丝的，而真正的蜘蛛则是用腹部的纺丝器出丝的，从这一点来讲，“蜘蛛侠”和蜘蛛还存在着较大的差距。但纺足目昆虫却和“蜘蛛侠”一般，是利用前足的丝腺出丝的。

小贴士

直翅家族的食肉者

很多人一提到直翅目昆虫，如蝗虫、螽斯等，都会认为它们是纯植食性的昆虫。然而，很多螽斯都有取食肉食的行为。蟋螽就是其中的代表性物种之一，它们取食动物性食物的比例要大于植物性食物，甚至有仅取食动物性食物的类群。

昆虫纲 直翅目 蟋螽科 杆蟋螽属

素色杆蟋螽

Phryganogryllacris unicolor

【外形识别】体色为黄褐色。头部为橙红色，有着黄褐色的细长触角，基节为黑色。前胸背板后缘及侧缘有黑色的边线，下缘的黑色边线两端向上弯曲呈钩角状。小楯板的颜色与体色相同。前、中、后脚胫节内侧有长刺，后脚腿节内侧及胫节外侧有黑色短钩刺。雌虫产卵器扁且细长。

【生活习性】分布于低、中海拔山区，夜间出现，栖息于阴暗的落叶层，较为稀少。受到惊吓时会做出装死的行为。成虫具有趋光性，在夜晚的灯光下偶尔可以发现它们。

【分布地域】中国河北、北京、河南、云南、四川等地。

昆虫纲 直翅目 蟋蟀科 斗蟋属

迷卡斗蟋

Velarifictorus micado

【外形识别】身体为黑色。头部较大，头部额突与唇基间突出。雄虫前翅长达腹端，发音器呈斜长方形。雌虫前翅短于腹部末端，后翅则超过腹端，像一条尾巴。它们还具有长于后足腿节的产卵管。

【生活习性】常栖息于地面、土堆、石块和墙隙中，喜欢略潮湿的环境，亦喜欢直接栖息于草本植物群中。成虫可以自行挖洞，雄虫具极强的领地意识，一个洞穴只能容纳一只雄性或和单只雌性共居。但往往雌虫只是短暂与雄虫进行合居，之后又会独自行动。为了争地盘、争配偶，雄虫与其他雄虫进行殊死决斗是它们在行为上的特性。

【分布地域】中国河北、北京、天津、山西、上海、山东、江苏、浙江、福建、广东、海南等地。

小贴士

源远流长的“促织”

迷卡斗蟋是中国鸣虫文化中“蛐蛐儿”或“促织”的原型。迷卡斗蟋雄虫在争斗时会有诸多有趣的行为，如开始正式撕咬之前便开始鸣叫（即鸣虫文化中的“炸罐儿”）、争斗之前会用六足将整个身体抬高并前后哆嗦以恐吓对手、胜利后会发出高亢的鸣叫等，它们自古以来就备受喜爱。

迷卡斗蟋雄虫在遇到雌虫后，会发出一种悠扬且缓慢的鸣叫，与平时的叫声明显不同（南方将其称为“弹琴”，北方将其称为“打克斯”），并缓缓地从雌虫前方倒退靠近，最终进行交配。

有意思的“棺材头”

多伊棺头蟋是一种非常有意思的蟋蟀科昆虫。它们的面部近乎一个平面，如果从正面看，你会发现它们的形状很像棺木，故而得名“棺头蟋”，俗称“棺材板儿”。这种蟋蟀不仅形态十分有趣，习性也常常让人忍俊不禁。由于其面部扁平，故而雄虫之间如果用口器进行争斗，则需要将头部抬得

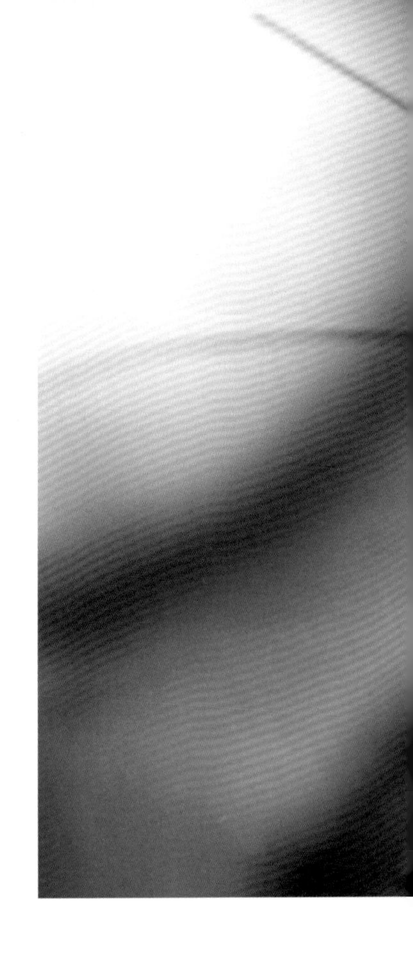

昆虫纲 直翅目 蟋蟀科 棺头蟋属

多伊棺头蟋

Loxoblemmus doenitzi

【外形识别】体型–中型，身体为黑褐色。雄虫的头部呈倾斜平板状，前缘有弧形黑色，边缘后有1条橙黄色或赤褐色的横带。面部为深栗壳色或黑色，扁平倾斜，中央有1块黄斑，其中隐藏着单眼，两侧向外突出，形似三角形。它们的前胸背板的宽度大于长度，侧板前缘长，后缘短，下缘倾斜，下缘的前端有1块黄斑。前翅长达腹端。后翅细长，伸出腹端如尾状，但常脱落，仅留痕迹。足呈淡黄褐色，有黑褐色斑点散布。前足胫节内、外均有听器。雌虫产卵管短于后腿节。

【生活习性】昼伏夜出，雄虫擅长鸣叫，栖息于砖石、菜园、灌木丛、旱田等环境中。一年发生一代，以卵的形态越冬。有微弱的趋光性。叫声尖急、嘹亮。可以长时间鸣叫。

【分布地域】中国河北、北京、河南、陕西、安徽、江苏、上海、山东、浙江、广西、四川等地。

很高，十分费力。因此，大部分时候，多伊棺头蟋雄虫争斗时，它们会用扁平的面部“严丝合缝”地贴在一起，相互推搡对方，进行角力。一些饲养多伊棺头蟋的爱好者，会用一个只能容纳一只多伊棺头蟋的筒子，将两只雄虫从两侧放入，由于它们不能转身，只能相互将对方顶出筒子，进而实现比拼，甚为有趣。

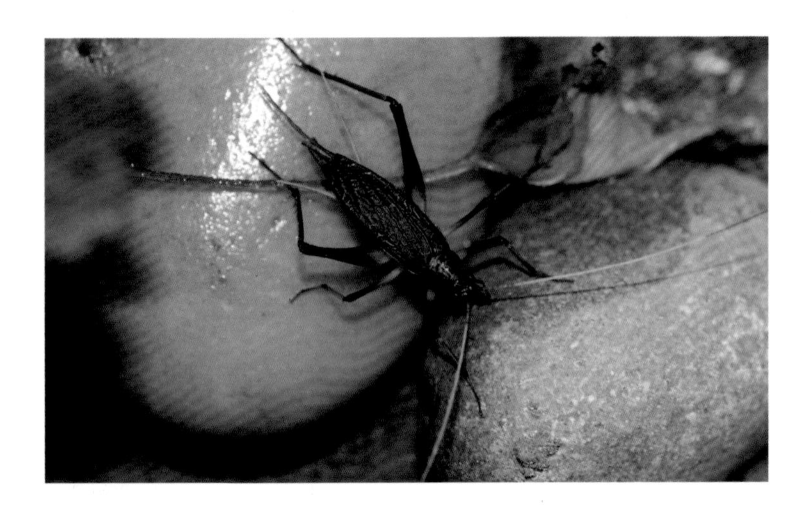

昆虫纲 直翅目 珠蟋科 钟蟋属

日本钟蟋

Homoeogryllus japonicus

【外形识别】体型 – 中型。雌雄形状差异较大。通体黑色或黑褐色，呈前狭后宽的梯形。有着白色的触角，头部很小。前翅宽大，也呈前狭后宽的梯形，翅尾部呈圆形。有着黑色的纤细足，腿节呈灰白色。前足胫节内、外侧各有一个听器。雄虫比雌虫体宽，前翅远长于腹部且前狭后宽，翅脉呈淡褐色至米白色。雌虫身体狭长，前翅为枯叶状，略长于腹部。产卵管与后腿节的长度相差无几。

【生活习性】常栖息于枯叶、草根等阴暗潮湿的地方。一年发生一代，以卵的形态越冬。爬行迅速，善跳跃。雄虫鸣叫时前翅竖起，鸣叫声为“铃……铃……”，有回声，不易听真。

【分布地域】中国河北、北京、江苏、浙江、江西、安徽、湖北、四川、贵州、福建、广东、海南等地。

小贴士

大名鼎鼎的“马铃儿”

中国人饲养“鸣虫”的历史非常久远，作为鸣虫中的著名物种，日本钟蟋因叫声悦耳，被广大爱好者称为“马铃儿”或“金钟儿”。它们又因栖息环境不同，分为“近水马铃儿”和“背水马铃儿”。如果想饲养这种有趣的小昆虫，我们可以用南瓜、苹果等进行喂食。值得注意的是，饲养日本钟蟋的容器要较深，因为雄虫在鸣叫时会将前翅完全竖起。如果饲养成功，在重阳节后还需要做好保温，并适当喂一些荤食，这样有助于延长它们的寿命。

昆虫纲 直翅目 螽斯科 蝈螽属

优雅蝈螽

Gampsocleis gratiosa

【外形识别】 体型 – 大型。身体呈绿色或暗绿色。有着较大的头部、较长的丝状触角、较为发达的马鞍形前胸背板。侧板下缘及后缘有白色边缘。雄虫前翅退化，后翅较短，而雌虫翅退化，仅留有翅芽。跳跃足较发达，胫节有刺。腹部呈绿色，后段腹节常呈暗绿色，无尾须。

【生活习性】 常栖息于中低海拔地区的灌木丛、有阳光照射的草甸或山坡等环境中。成虫为杂食性，常取食小型昆虫及其他无脊椎动物，也会取食植物的叶、花、果实及种子。雄虫会摩擦翅以发出声音吸引雌虫。交配后，雄虫会从腹部排出精托于雌虫腹部末端，而后雌虫会将腹部向前弓起，咬食精托以获得营养。

【分布地域】 中国绝大多数省份。

小贴士

最负盛名的鸣虫——螽斯

鸣虫文化是中国昆虫文化的重要组成部分。螽斯除了可供赏玩外，还融入了人们的生活中。由于篇幅问题，在这里只为大家介绍一种有关紫禁城的螽斯文化。《诗经》的《国风·周南·螽斯》中，对螽斯的鸣叫有这样的描述与解释：“螽斯羽，诜诜兮。宜尔子孙，振振兮。螽斯羽，薨薨兮。宜尔子孙。绳绳兮。螽斯羽，揖揖兮。宜尔子孙，蛰蛰兮。”古人认为，螽斯之所以天天鸣叫，是因为它的子孙众多，因而十分喜悦。也正是由于这首诗，螽斯在古代又被视为多子多孙的象征。很多百姓家中饲养螽斯，以盼望自己的家庭多子多福。而螽斯的这种寓意，更是被皇室看重。在封建社会中，统治者实行“家天下”制度。这就意味着若想使皇权稳固，皇室人丁兴旺是一个基本的条件。因此，明代修建紫禁城时，便设有“螽斯门”，直至清代仍在沿用。螽斯门与百子门相对，都有祈盼皇室多子多孙、人丁旺盛之意。它由一个开间的琉璃门和两扇宫门组成，歇山顶用黄琉璃瓦制成，房檐下有绿琉璃仿木构件加以搭配，呈现出素朴、淡雅之美。史料记载，明、清两代的后宫嫔妃常常会在螽斯门下祈祷，希望自己能为皇帝产下众多子嗣。

昆虫纲 直翅目 螽斯科 斜缘螽属

褐斜缘螽

Deflorita deflorita

【外形识别】 体型 – 中型。身体为淡绿色至绿色。有着球形的突出复眼和带着不规则斑点的黄色触角。后翅长于前翅，翅末端呈褐色或深褐色。足呈淡绿色，腿节与胫节相交处为淡褐色或褐色。腹部长着一列明显的白色斑点，而且斑点外侧常常还有一橙黄色至淡褐色的外圈。尾须细长，呈圆柱形，常向内侧弯曲。雌虫产卵瓣发育完全，边缘有细钝齿。

【生活习性】 喜生活在气温较高的低海拔阔叶林中，主要以植物为食，也有取食小型昆虫及其他无脊椎动物的情况。雄虫在求偶期会鸣叫以吸引雌虫。成虫具有趋光性。

【分布地域】 中国浙江、安徽、湖南、福建、广西、云南等地。

小贴士

螽斯家族中的“拟态大师”

褐斜缘螽是一种非常有意思的螽斯。它们主要分布于较为温暖的地域。我们可以通过腹部那一列明显的白色斑点轻松认出它们。现在一般认为，褐斜缘螽的这些斑点是为了模拟植物叶片上的霉斑。这种以颜色和形态模拟树叶的现象，虽然在很多缘螽身上都有出现，但是温暖地区以霉斑图案进行拟态的昆虫却并不常见。因此，褐斜缘螽也被称为螽斯家族中的“拟态大师”。

昆虫纲 直翅目 露螽科 露螽属

镰尾露螽

Phaneroptera falcata

【外形识别】体型 – 中至大型。通体呈绿色或黄绿色，并长着密密麻麻的黑色小斑点。有比身体还要长的丝状触角。前胸形状近似于马鞍。翅的长度和宽度常超过身体。足跗节为黄褐色。生殖器呈镰刀状。

【生活习性】成虫不喜跳跃，喜栖息于植物或花朵上。遇危险时跳跃并常常伴有短距离飞行。偶有访花行为。具有趋光性。成虫于每年 7—9 月发生。

【分布地域】中国黑龙江、吉林、辽宁、河北、北京、内蒙古、甘肃、新疆、上海、江苏、浙江、安徽、福建、湖南、湖北、四川等地。

小贴士

住在我们身边的螽斯

镰尾露螽是一种非常美丽的螽斯，而且这些昆虫很有可能在你的小区里就能发现。尤其在秋天，如果你听到草丛中传来与蟋蟀叫声截然不同的鸣虫叫声，那很有可能便是螽斯类昆虫在“鸣唱”。镰尾露螽在遇到危险时，如果正处植物的高处，很有可能直接往下掉落，然后迅速爬离；如果本身就在低处，则会进行短距离的跳跃，并伴随振翅逃离。不过，通常情况下它们不会逃到很远的地方去。只要你一直用视线追踪它们，便很容易发现它们的停落处。

小贴士

蝲蝲蛄身上的仿生学

蝼蛄便是俗称的“蝲蝲蛄”。虽然它们取食农作物，对人类的生活会造成一些影响，但其形态却受到了很多昆虫学家及仿生学家的关注。人们发现蝼蛄利用开掘足挖土的速度非常快，效率也十分高，便对蝼蛄开掘足前端齿的形态以及整个开掘足的受力情况进行分析，研制出了我们熟悉的挖掘机。这也从侧面说明，大自然中的很多物种其实都有我们人类可以学习的地方，切不可戴上有色眼镜去给任何物种下一个狭隘的定义。

昆虫纲 直翅目 蝼蛄科

蝼蛄（蝼蛄科）

Gryllotalpa

【外形识别】体型－中至大型。有着短于体长的丝状触角。头部较圆，胸部隆起。前足为典型的开掘足，端部为齿状，非常锋利。后足虽形态与跳跃足相似，但因为它们的腿节不像蝗、螽类那样发达，因而不能进行跳跃。前翅较小，后翅狭长、常长于身体末端。有尾须。

【生活习性】常栖息于各个海拔的植被较为茂密的环境中，以农田、平原、林缘等地最为常见。主要以植物的根系和地下茎部分为食，且可以取食多种植物。雄虫会发声，但叫声不悦耳。一般不会在地面上进行长时间活动，一旦遇到危险会立即挖土隐遁。成虫具有趋光性。

【分布地域】几乎分布于中国各地。

昆虫纲 直翅目 瘤锥蝗科 黄星蝗属

黄星蝗

Aularches miliaris

【外形识别】体型较粗大。有着黑色的丝状触角。头部为黑褐色，中间为白色。前胸背板与头部颜色一致，背面有刺状突起。前翅呈暗绿色至绿褐色，上面有大小不一的黄色醒目斑点。腹部橘红色与黑色相间。足为黑色，后足腿节上有黄色条纹。

【生活习性】多为一年发生一代。喜欢栖息在海拔较低的灌木丛、农田、草丛中。以植物枝叶、茎秆为食。遇见危险或受惊时，会分泌白色泡沫状且具有腥臭味的物质。成虫发生期为8—11月，可多次交配。雄虫在最后一次交配完成后，基本不久便会死亡。雌虫则在产完卵后几天死亡。

【分布地域】中国广东、广西、海南、四川、贵州、云南等地。

小贴士

高超的防御技巧

黄星蝗是一种非常美丽的大型直翅目昆虫。这种蝗虫由于身体硕大，很容易被天敌发现，故而逐渐演化出了很多的防御技巧。首先，它们的腹部呈现出非常鲜艳的橘红色，而艳丽的色彩就是生物用来恐吓天敌的常规武器；其次，它们还能分泌具有刺激性气味的物质，用以将天敌逼退；最后，黄星蝗被天敌捉到时，还可以利用后足上发达的刺状结构蹬刺对方，以便逃离。

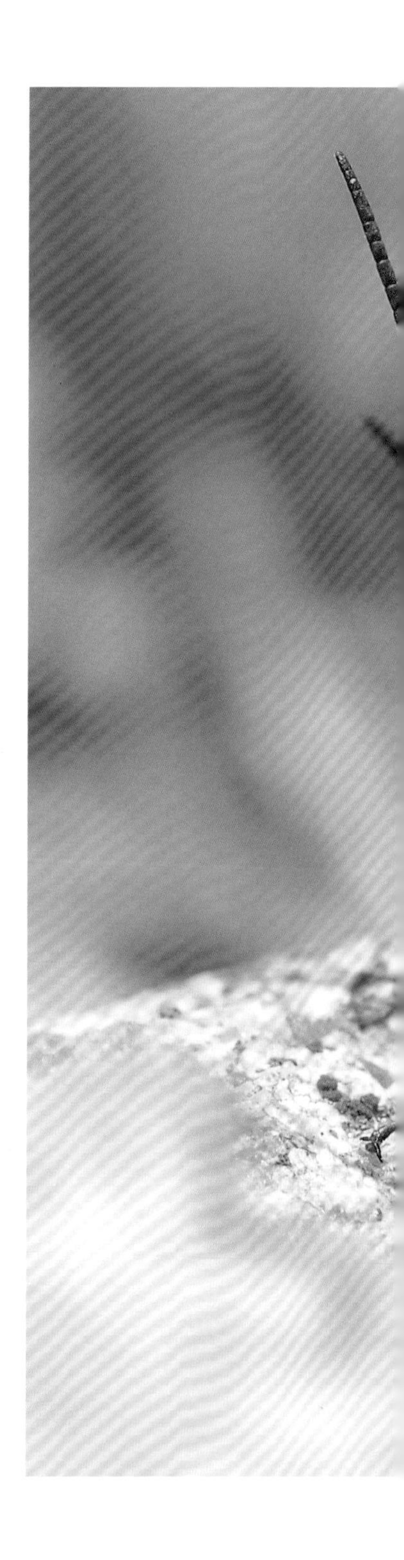

昆虫纲 直翅目 斑翅蝗科 小车蝗属

黄胫小车蝗

Oedaleus infernalis

【外形识别】体型 – 中型。身体为绿色、黄褐色或褐色。头部较短，复眼呈卵圆形。前胸背板中部略窄，中胸腹板侧叶间中隔较宽。前、后翅均十分发达，常长过后足腿节。后翅基部为淡黄色，中部有到达后缘的暗色窄条纹。雄虫后翅顶端呈褐色，后足腿节末端及胫节前端呈红色，雌虫后足腿节末端及胫节呈黄褐色。

【生活习性】常栖息于海拔较低、植被丰富的平原环境中。每年发生一代，主要以禾本科植物为食。较机警，当遇到危险时常会做短距离飞行。

【分布地域】中国河北、北京、山西、陕西、山东、江苏、安徽、福建、台湾等地。

小贴士

经常被误会的蝗虫

黄胫小车蝗虽然是一种华北地区非常常见的蝗虫，但实际上它们并不太可能大量出现在城市中。一般来说，我们只能在远郊具有丰富禾本科植物的环境中发现它们。不仅如此，黄胫小车蝗的种群密度在蝗虫中也并不算特别大，所以我们不需要担心它们会造成可怕的蝗灾。

昆虫纲 直翅目 槌角蝗科 大足蝗属

李氏大足蝗

Aeropus licenti

【外形识别】体型 – 小至中型。全身呈黄褐色、褐色或暗褐色。面部倾斜，头侧窝为四角形。触角细长，超过前胸背板后缘，顶端明显膨大。复眼为卵形。前胸背板中部侧面略呈弧形隆起，中隆线及弧形弯曲的侧隆线均明显，沟前区大于沟后区。前翅较发达，雄虫前翅可到达后足腿节顶端，雌虫前翅未到达。雄虫前翅前肘脉和后肘脉未合并。雄虫前足胫节近梨形且膨大，雌虫正常。

【生活习性】常栖息于海拔较高、植被丰富的环境。主要以禾本科植物、豆科植物等为食。

【分布地域】中国河北、北京、山西、内蒙古、陕西、宁夏、甘肃、青海、西藏等地。

小贴士

数量稀少的高海拔蝗虫

李氏大足蝗是一种并不算常见的高海拔蝗虫。雄虫前足异常膨大，它们因此而得名。其实，蝗虫虽然自古因为“蝗灾”而被世人所厌恶，甚至给人一种“应该将其斩尽杀绝”的感觉，但实际上有很多蝗虫种类数量稀少。不仅如此，并不是所有的蝗虫都会造成蝗灾，如李氏大足蝗，它们的栖息海拔决定了它们无法大规模扩散，而且其种群数量也比较稀少，因此是不可能对低海拔地区的农作物造成大规模伤害的。

昆虫纲 直翅目 斑腿蝗科 外斑腿蝗属

短角外斑腿蝗

Xenocatantops brachycerus

【外形识别】体型 - 中型。全身呈褐色、灰褐色或黄褐色，触角呈丝状，前胸背板上有细密的刻点，中部略收缩，前胸背板后缘侧面有 1 条黄白色斜纹，后足腿节有 2 块黄白色的平行的宽型斜斑，腿节及胫节侧缘为橙红色。

【生活习性】常栖息于海拔较低的山区或平原等环境，主要以禾本科植物为食。遇到危险时会迅速跳跃或做极短距离飞行。

【分布地域】中国河北、北京、山西、陕西、山东、江苏、浙江、湖北、湖南、江西、广东、广西、福建、贵州、台湾等地。

小贴士

斑腿蝗的识别要素与越冬绝技

虽然短角外斑腿蝗的家族叫斑腿蝗科，但后足上有大斑点却不是它们的特征，实际上其特征是它们的胸部腹面有一个犹如人的喉结一样的刺状突起。一般来说只要看到这个突起，就能确定它们的分类了。每年春天，我们看到的第一类蝗虫就是各式各样的斑腿蝗科蝗虫，这是因为有些斑腿蝗的成虫可以越冬，每年春天天气变暖后，它们就会出来觅食、活动。

昆虫纲 直翅目 剑角蝗科 剑角蝗属

中华剑角蝗

Acrida cinerea

【外形识别】体型－大型。体色为绿色或褐色，部分个体会有条纹。有着细长的体形，头部呈圆锥状，明显长于前胸背板，面部剧烈后倾。有着剑一样的触角。前翅较发达，端部尖锐，后翅呈淡绿色，透明。后足较发达，腿节及胫节为绿色或褐色。腹面背板呈紫色或紫红色。

【生活习性】常栖息于海拔较低的草地、林缘等环境中。主要以各类禾本科杂草、锦葵科杂草、豆科杂草等的叶片为食。它们会将叶片咬出缺刻或孔洞，甚至将整张叶片吃光。

【分布地域】中国黑龙江、吉林、辽宁、河北、北京、天津、陕西、内蒙古、宁夏、甘肃、青海、新疆、山东、安徽、浙江、江西、江苏、上海、湖北、湖南、广东、广西、四川、贵州、云南、海南、台湾等地。

小贴士

讨喜的“呱嗒扁儿”

中华剑角蝗在遇到危险的时候，会利用跳跃并配合短距离的飞行来逃离，而且它们在飞行时还会发出“呱嗒、呱嗒”的声音，因此很多地方的人们都将它们称为“呱嗒扁儿”。相比于飞蝗、沙漠蝗等类群，中华剑角蝗对植物的破坏性较低，而且由于其讨喜的“相貌”，它们并不被人们所厌恶。

昆虫纲 直翅目 蚤蝼科

蚤蝼（蚤蝼科）

Tridactylidae

【外形识别】有着念珠形状的触角和隆起的胸部。它们的生存利器就是两对足：膨大的前足上有许多的刺，类似于开掘足；而后足则是十分有力的跳跃足。它们的翅很短，腹部的末端长着尾须。

【生活习性】常栖息于离水源不远或较为潮湿的植物丛中。主要以禾本科植物为食。遇到危险会迅速跳跃逃离，并具有较强的游泳能力。

【分布地域】中国各地。

小贴士

丧失了远古技能的蚤蝼

蚤蝼科昆虫是一类较为古老的昆虫。在距今约 1 亿年的缅甸琥珀中就曾发现过它们的身影。有意思的是，科学家曾在琥珀中发现会模拟当时的蕨类植物的蚤蝼物种，并将其命名为“王氏拟叶蚤蝼”。经过测量，这类远古蚤蝼的体宽、体长，甚至是身体各个体段的比例，都和当时的蕨类植物叶片极其接近。因此，科学家便大胆推测，古蚤蝼很有可能就是在植物叶片表面进行活动及觅食的。而如今生活在地球上的蚤蝼科昆虫似乎丧失了这项技能，一般都是躲在阴暗的角落中活动。

大部分啮目昆虫为植食性

昆虫纲 啮目

啮虫（啮目）

Psocoptera

【外形识别】体型小，身长一般在 1 厘米以下。其体色较为多样，常见的体色有红色、橙黄色、黄色、灰色、黑色等。具有比较坚硬的头部，可自由活动。触角为丝状，极长，一般可达到几十节之多。口器为咀嚼式口器，下口式。胸部较为特殊，最具特色的便是头部与胸部之间有一环状的膜质结构，称为颈部。大多数有翅，且前翅大于后翅。翅一般呈三角形，会将腹部完全覆盖并长于腹部末端。还有一些种类的翅上有翅痣，且大部分翅有斑纹或斑块。腹部有 9 节，雌虫的第 7 腹板极为发达，具有外生殖板和亚生殖板。

【生活习性】目前在绝大多数地区都发现过它们的身影，其中热带、亚热带及温带地区为主要的分布区域。比较喜欢栖息在树皮、枯叶、岩石等地方，大多数啮虫喜欢阴暗潮湿且生长有密集苔藓或地衣的环境。以植食性为主，也有大量种类会取食真菌。卵即将孵化时，啮虫还会有一个短暂的预若虫期，这个时期的啮虫头部有一个破卵器，以

小贴士

“书虱”

啮目昆虫起源较早，目前已发现的最古老的啮目昆虫化石存在于距今约3亿年的二叠纪时期。早期的文献和书籍常常将其称为“书虱”，如今大部分人将其称为“啮虫”。值得一提的是，中国啮目昆虫资源非常丰富，是全世界啮目昆虫分布最多的国家之一。

啮目昆虫翅上常有斑纹或斑块

帮助它们从卵壳中突破出来。若虫的龄期因种类不同而有所不同。大部分啮虫的若虫需要经历6个龄期，还有一些种类的龄期会缩短至5龄、4龄甚至3龄。

【分布地域】中国各地。

啮目昆虫常聚集在一起

小贴士

长得像蛾的蝉

可能很多人在逛公园的时候都见过甘蔗长袖蜡蝉，却将其错认成“飞蛾”（鳞翅目昆虫）。实际上只要我们仔细看一下它们的翅，就可以发现，它们的翅上并没有像鳞翅目昆虫那样的鳞粉，而且它们的头部也更像我们生活中常见的蝉类。甘蔗长袖蜡蝉与我们日常所接触的蝉类一样，都有一根长长的吸管般的口器——刺吸式口器；而鳞翅目昆虫的口器绝大多数都是虹吸式口器。

昆虫纲 半翅目 袖蜡蝉科 长袖蜡蝉属

甘蔗长袖蜡蝉

Zoraida pterophoroides

【外形识别】体型较小，有黄褐色的身体和发达的复眼，复眼的下方是触角。有隆起的长着浅色纵线的胸部。前翅较长，而且翅透明，有坚硬的黑褐色前缘。后翅比较短。

【生活习性】常栖息于海拔较低的农田、林缘、人工公园等环境中。机警，善跳跃。主要以甘蔗等禾本科植物为食。雨后活动较为活跃，有时可在寄主附近的树木上发现它们。

【分布地域】中国河北、北京、云南等地。

昆虫纲 半翅目 蝉科 寒蝉属

蒙古寒蝉

Meimuna mongolica

【外形识别】 体型 – 中型。有着刚毛状的触角和棕色的复眼。身体为灰绿色并且点缀着黑色及墨绿色斑点。翅透明，长度为体长的一倍左右。腹部呈白色并有粉状物。

【生活习性】 一般于秋季发生，因而又有“秋蝉”的别名。雄虫善鸣，且声音极为洪亮。

【分布地域】 中国黑龙江、吉林、辽宁、河北、北京、山西、内蒙古、陕西、山东、浙江等地。

小贴士

“伏天儿”

蒙古寒蝉是一种非常常见且知名度颇高的蝉科物种。成虫于每年的秋季才开始陆续出现，故而也被称为“秋蝉”，它们名字中的“寒蝉”同样是因为成虫发生期而得来的。在北京，蒙古寒蝉还有一个似乎与本意相反的称呼，即“伏天儿”。这是因为蒙古寒蝉的叫声非常有特点，“磁天、磁天”的声音与“伏天儿、伏天儿”相似。在中国的北方，当你听到了蒙古寒蝉的叫声，也就意味着这一年的昆虫活动期即将结束。

昆虫纲 半翅目 蜡蝉科 斑衣蜡蝉属

斑衣蜡蝉

Lycorma delicatula

【外形识别】全身呈灰褐色。前翅为革质，基部约 2/3 为淡褐色，翅面有 20 个左右的黑点；端部约 1/3 为深褐色。后翅为膜质，基部为鲜红色，有黑点；端部为黑色。翅表面附有白色蜡粉。头角向上卷起，呈短角突起。

【生活习性】喜欢在干燥炎热处活动。一年发生一代。以卵的形态在树干或附近建筑物上越冬。翌年 4 月中下旬若虫孵化，5 月上旬为盛孵期；若虫稍有惊动即跳跃而去。经 3 次蜕皮，6 月中、下旬至 7 月上旬羽化为成虫，活动危害至 10 月。8 月中旬开始交尾产卵，卵多产在树干的向阳面或树枝分叉处。一般每块卵有 40～50 粒，多时可达百余粒，卵块排列整齐，覆盖白蜡粉。成虫、若虫均具有群栖性，飞翔能力较弱，但善于跳跃。

【分布地域】除西藏外的中国各地。

小贴士

臭椿树上的“花大姐”

斑衣蜡蝉应该是几乎所有昆虫爱好者，甚至是对于昆虫没有什么研究的人都可以轻松识别的物种之一。在北京，斑衣蜡蝉又名“花大姐”（当然，瓢虫也有此称呼）。斑衣蜡蝉遇到危险时，通常会先展开它们红色并有黑色斑点的后翅，以恐吓天敌；如果这个招数没有奏效，它们便会利用后足使自己一跃而起，并落到不远的地方，以逃离天敌的视线。当然，尽管如此，斑衣蜡蝉在野外仍有很多难以战胜的天敌。除了鸟类和一些肉食性动物外，还有一种专门寄生于斑衣蜡蝉的若虫上的斑衣蜡蝉螯蜂。这种螯蜂是控制斑衣蜡蝉种群数量的主力之一。

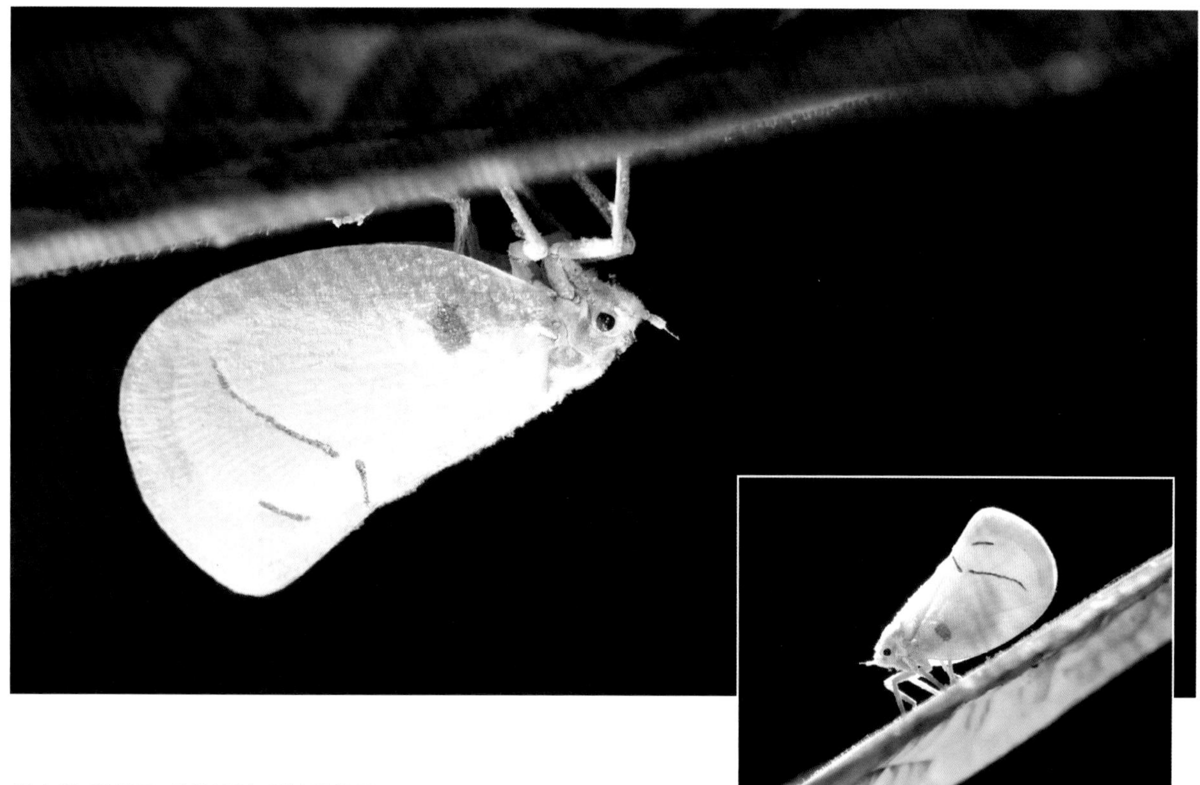

昆虫纲 半翅目 蛾蜡蝉科 彩蛾蜡蝉属

彩蛾蜡蝉

Cerynia maria

【外形识别】中等体型。全身呈乳白色或粉白色，身体表面有白色的粉状物。有黑色的复眼和2个单眼。翅较长，呈屋脊状。前翅有3条黑色线纹，靠近基部处有1个淡橙红色至橙红色斑点，前缘区有横脉，臀区的脉纹上有小颗粒状突起。后翅则较为宽大。

【生活习性】常栖息于海拔较低的温暖森林、林缘、庭院等环境中。单独或集成小群进行活动。成虫主要为夜行性，以吸食植物汁液为生。遇到危险时，会利用后足进行强有力的弹跳，并以翅进行配合，进行中短距离的逃脱。

【分布地域】中国四川、重庆、贵州、云南等地。

小贴士

比起拟态，还不如直接逃跑

提起拟态，其实方法颇多，有些物种会使自己的体色与周围环境保持一致；有些物种则会模拟具有毒素或较为危险的物种；还有些物种则会将自己身体的轮廓发展成与环境的附属物一样，蛾蜡蝉科物种便是如此。蛾蜡蝉科物种的翅顶角比较尖锐，且它们常常集群攀附在植被的茎干上，让自己与植物的刺非常相似，以躲避天敌。生活在热带或亚热带地区的彩蛾蜡蝉相比于自己的“亲戚”显得十分特殊。它们常单独活动，而不是成群结队地活动，也无法利用自己的翅顶角良好地模拟植物的刺状结构，但彩蛾蜡蝉的弹跳能力非常出众。遇到危险后，它们会进行有力跳跃，并做短距离飞行以逃脱天敌的捕捉。

昆虫纲 半翅目 沫蝉科 疣胸沫蝉属

克伦疣胸沫蝉

Phymatostetha karenia

【外形识别】中等体型。有相对较大的红褐色头部。前胸背板为白色。小盾片为黑色。足为黑色。前翅为棕黑色并有白色小斑点或斑纹，翅端为红褐色。

【生活习性】常栖息于热带及亚热带林间或植被丰富的平原环境中。平时喜趴伏于植被上休憩或取食植物汁液，遇到危险后会进行跳跃逃离。

【分布地域】中国云南。

小贴士

沫蝉的名字来历

克伦疣胸沫蝉是一种栖息于热带及亚热带环境中的沫蝉科昆虫。之所以叫沫蝉，是因为其在若虫期会吸取植物的汁液，并分泌很多泡沫状的黏液将自己裹于其中。这样的行为可以让其隐匿于环境中，不易被天敌发现，也能让沫蝉处在一个相对稳定的环境中，提高成活率。

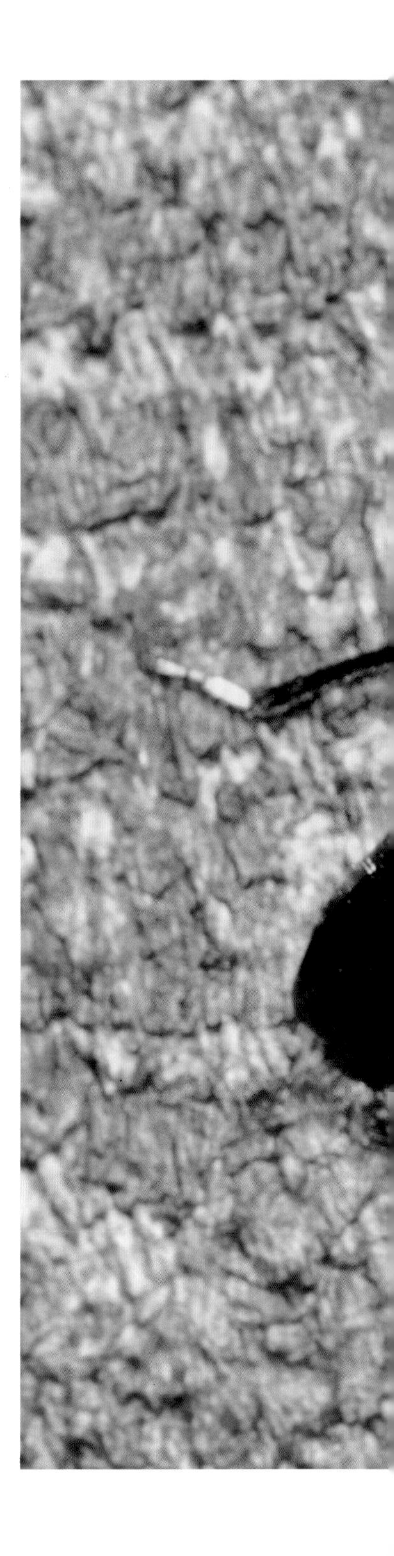

昆虫纲 半翅目 蝽科 显蝽属

红显蝽

Catacanthus iucarnatus

【外形识别】中等体型。通身为椭圆形。头部呈黑色并具有深蓝色或蓝青色金属光泽。触角为5节，每只复眼后都有1只单眼。胸部形似六边形。橙黄色或红色的小盾片则为三角形，较大，可达到整个翅的一半甚至以上。翅的革片部分与小盾片同色，并有一个明显的黑色斑点，膜片为黑色并有微弱的光泽。侧接缘是黑色的，带有规则的白色条纹。足为黑色，后足跗节为白色。

【生活习性】常栖息于较为温暖的热带雨林、林缘等环境中。主要以植物为食，有时会捕食小型昆虫或其他无脊椎动物，有时也取食动物尸体。遇到危险时会散发出刺激性气味或快速爬离。

【分布地域】中国云南。

小贴士

“关公虫”

红显蝽是一种非常有特点的蝽科昆虫。当它们头部向上时，从正面看其翅的颜色与形态，像极了一张人脸，膜片就是人的胡须，配以橙黄色或橙红色的底色，很难让人不联想到“武圣”关羽的形象。因此，红显蝽又被称为“关公虫”。而当它们头部向下时，其翅的图案配合小盾片的样子，又像极了复活节岛上的人面石雕。

昆虫纲 半翅目 猎蝽科 脂猎蝽属

黑脂猎蝽

Velinus nodipes

【外形识别】小至中等体型。全身呈黑色且油亮。头、前胸背板、足密布黑褐色的刚毛，胸部腹板、腹部腹面则长着长短不一的刚毛。它们有着环纹样的触角和较短的喙。小盾片的端部为黄白色至淡黄色，并具有“Y”形脊。复眼为灰褐色。各足腿节呈明显的结节状，胫节略微弯曲。侧接缘向两侧扩展，边缘呈波浪状。

【生活习性】常栖息于海拔较低的林缘或阔叶林、针阔混交林等环境中。性情凶猛，以各类昆虫及其他无脊椎动物为食。遇到危险后会快速逃离。

【分布地域】中国河南、江苏、浙江、江西、广东、广西、福建、四川、贵州、云南等地。

“臭大姐”中的“杀手”

提到蝽类，大概一半人会先想到“臭大姐”，进而产生厌恶之感。但实际上，蝽类在昆虫中是一个非常庞大的类群，它们形态各异，而且习性千差万别。例如凶猛的猎蝽，它们会捕食各式各样的昆虫及其他的无脊椎动物，尤其是鳞翅目幼虫等。而黑脂猎蝽虽然是一种体型较小的猎蝽，但遇到猎物时仍然会迅速发动攻击，捕猎效率也非常高。除此以外，我们在野外看到猎蝽时，切记不要用手去抓。猎蝽能利用锐利的口器轻松刺穿皮肤，向人体内注射消化液，进而引发剧烈的疼痛，甚至引发过敏、中毒反应。

昆虫纲 半翅目 猎蝽科 螳瘤猎蝽属

华螳瘤猎蝽

Cnizocoris sinensis

【外形识别】小型体型。触角第一节为圆筒形，第二节为近柱形，第三节为棍棒形，第四节为纺锤形。它们的复眼与单眼都为红色，前胸背板前叶基部中央及后叶两条纵脊通常为棕黑色。小盾片为长三角形，端部钝圆，基部略微隆起，中部有刻点，边缘则有着较为光滑的纵脊。革片端部、前翅膜片、腹部末端背面为棕红色至黑褐色。雌虫触角的大部分、前胸背板后叶、革片纵脉，以及部分个体腹部末端呈棕红色，前翅革片前缘呈灰白色。

【生活习性】常栖息于中等海拔的山地植被上，非常喜欢于花序上等待捕食小型昆虫及其他无脊椎动物。每年 6—9 月可见其成虫。

【分布地域】中国河北、北京、山西、内蒙古、陕西、甘肃、河南、江苏等地。

小贴士

像螳螂一样的“臭大姐”

昆虫的足因为环境与习性的不同，特化出各种各样的结构。如可以捕捉其他昆虫的捕捉足、可以携带花粉的携粉足、可以协助快速逃脱的跳跃足等。而提起捕捉足，相信大家都会想起螳螂目昆虫的前足。可事实上，在昆虫家族中，绝对不只是螳螂具备如此“精良的装备”。螳瘤猎蝽家族的前足同样为捕捉足。螳瘤猎蝽会隐藏于植物中，尤其是较大的花朵中，利用捕捉足捕杀访花的各类昆虫，甚至是其他无脊椎动物。不过它们的捕捉足与螳螂的捕捉足有些不同，其胫节较纤细，且几乎没有刺状突起。这是因为螳瘤猎蝽的捕捉足主要用于抓住猎物，锋利的刺吸式口器往往才是它们将猎物杀死最主要的器官，而捕捉足则更多起到辅助捕猎和抓取猎物的作用。

昆虫纲 半翅目 猎蝽科 犀猎蝽属

红犀猎蝽

Sycanus rufus

【外形识别】中等体型。头部为黑色，前端反面长着橙黄色的柔毛。有着长长的触角和发达的口器。胸部为橙黄色并有短柔毛。足则是黑色。翅的颜色较为鲜艳，革片为橙黄色，膜片为黑色。侧接缘为红色，并有较大的黑色斑点排列于其上。腹部为黑色并具有橙黄色条纹。

【生活习性】常栖息于热带或亚热带海拔较低的林地中，主要为夜行性，有一定的趋光性。常以小型昆虫及其他无脊椎动物为食。性情凶猛，遇到危险时会抬起口器恐吓对手，并释放臭味。

【分布地域】中国云南。

小贴士

被昆虫爱好者“威胁”的猎蝽

红犀猎蝽是一种非常凶猛且富有攻击性的大型猎蝽科昆虫。相比于其他大多数猎蝽科昆虫，它们的刺吸式口器更加长，也更加锐利。它们发现猎物时，会立刻扑上去用口器将猎物表皮直接刺破并注射消化液。现在，有很多大型猎蝽科昆虫逐渐被昆虫爱好者所饲养，成为新一批“怪怪宠物”。然而，我们在野外见到这种美丽的大型猎蝽，并不应该采集回去进行饲养。因为这种野生的猎蝽性情暴躁，我们在采集的过程中容易被其咬伤，会十分痛苦。而且中国国产的大型猎蝽几乎数量都不多，如果一味地采集，很可能会对其种群造成十分恶劣的影响。要知道，猎蝽科昆虫在大自然中扮演着非常重要的消费者角色，能控制很多昆虫的种群数量。如果猎蝽的种群遭到破坏，将对当地的生态平衡造成很严重的破坏。

在水面上准备交配的黾蝽

昆虫纲 半翅目 黾蝽科

水黾（黾蝽科）

Gerridae

【外形识别】体型 - 小至大型。有着刺吸式口器和丝状触角。大多数种类全身都有由微毛组成的拒水毛。前足短粗，主要起到抱住食物的作用。中后足十分细长，用来在水面上划行。翅有多种形状，前翅有 2～4 个封闭的翅室。

【生活习性】主要栖息于任何水系，如溪流、池塘、湖泊、入海口等的水面上。主要以落入水中的昆虫及其他无脊椎动物为食，也会取食已经被水淹死的动物尸体。成虫可以飞行，并具有趋光性。

【分布地域】中国各地。

小贴士

占据独特生态位的昆虫

水黾隶属于半翅目，它们遇到危险后会和大多数半翅目昆虫一样释放气味以达到自卫的目的。不过有意思的是，水黾所释放的气体并不是臭的，更像是浓酱油的味道，因此水黾被称为“酱油虫”或“打酱油的”。另外，水黾还有一个非常值得说道的地方，那便是它们占据着独特的生态位。昆虫栖息环境的多样性是任何其他动物家族都不能比拟的。而水黾所占据的生态环境则是水面，这无疑使它们有了更大且更自由的活动空间，不用担心其他动物与自己争夺栖息环境。虽然尺蝽科等半翅目昆虫也于水面上活动，但其数量均远不如水黾有优势。

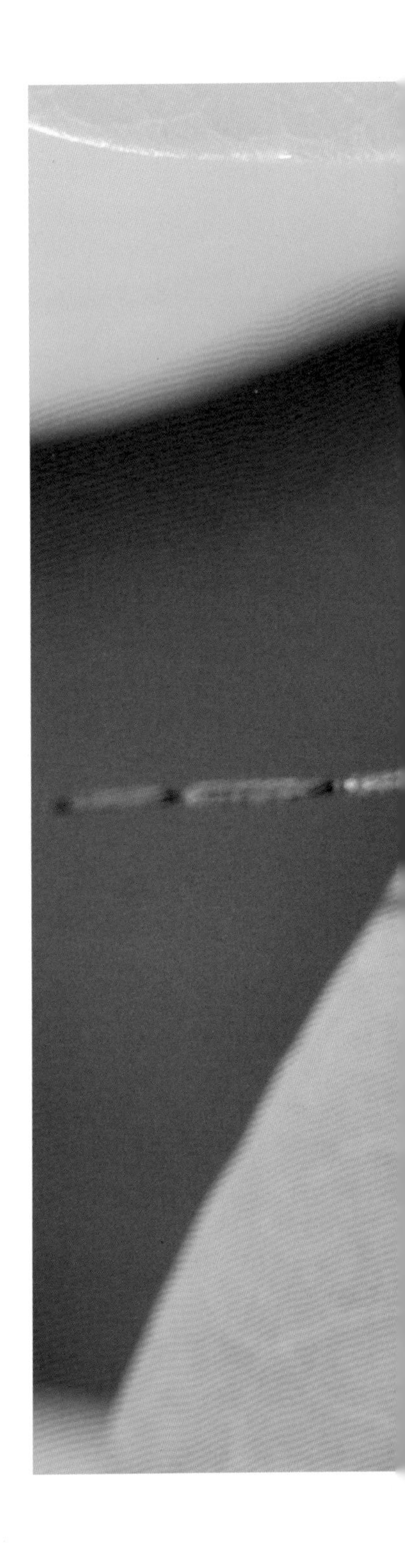

昆虫纲 半翅目 盾蝽科 宽盾蝽属

油茶宽盾蝽

Poecilocoris latus Dallas

【外形识别】中等体型。身体为卵圆形。头部呈深绿色至黑色，有5节丝状触角。胸部是绿色的，并具有红色或橙红色花纹，闪烁着强烈的金属光泽。小盾片则延伸至腹部末端，端部较为平截，也有着强烈的金属光泽。身体上部分中央为金绿色并具有黑色斑纹和红色的边缘，下部分则为柠檬黄色至淡橙黄色，中央有2个非常大的黑色斑点，斑点中部为蓝色。足呈金绿色。腹部腹面具有显著的沟槽。

【生活习性】常栖息于海拔较低、较温暖的环境中，主要以油茶、茶树等植物为寄主。若虫喜欢集群于寄主上吸食汁液，这会造成寄主植物发育迟缓，会传染如油茶炭疽病等严重影响植物发育甚至存活的疾病。每年以末龄若虫的形态于落叶层或石缝、土缝中越冬。

【分布地域】中国浙江、湖北、湖南、江西、广东、广西、福建、贵州、云南等地。

小贴士

为什么弱小的动物往往群居

油茶宽盾蝽是一种较为常见的美丽的盾蝽科昆虫。其体色鲜艳，光泽亮丽，非常容易辨认。油茶宽盾蝽在若虫时期，常常会集成大群一起活动。不过，这种情况不仅仅会出现在油茶宽盾蝽身上，很多较为弱小的生物都有这样的习性。这就会让人们不解：本来就容易被天敌吃掉，为什么还要凑在一起呢？实际上，这样集群是一种生存策略：首先，当大量较小个体凑在一起，会让捕食者反感，降低进食量；其次，大量集群还会提高每一个个体的生存率，个体反而更容易求生。

昆虫纲 半翅目 蝎蝽科 蝎蝽属

霍氏蝎蝽

Nepa hoffmanni

【外形识别】中等体型。身体为褐色至深棕色。前足是捕捉足，中足、后足则是游泳足。中、后足基部为橙黄色，其余部分与体色相同。胸部为“凹”形，小盾片较大，而且长度可达到腹部近中心位置。腹部末端具有呼吸管，较短。

【生活习性】见于各区县山地溪流环境中，分布广泛，但数量较少。白天通常隐藏在水中石块下，有时会上岸捕食。夜晚爱活动，捕食小水生动物。4—5月产卵，推测一年一代，以成虫形态越冬。

【分布地域】中国河北、北京、山西、山东等地。

小贴士

水陆“杀手”

霍氏蝎蝽隶属于半翅目蝎蝽科蝎蝽属，是“根正苗红”的蝎蝽类群。它们生性凶猛，可捕食很多水生小昆虫。不仅如此，霍氏蝎蝽甚至在饥饿时会短暂地爬出水面进行觅食，这在很多水生昆虫中都属于罕见的现象。

昆虫纲 半翅目 臭虫科 臭虫属

温带臭虫

Cimex lectularius

【外形识别】体型－小型。整体呈浅褐色，腹部中央为深褐色至黑褐色。身体呈卵圆形且较为扁平。触角为丝状。胸部侧缘较大，长着茂密的感觉毛。腹部为卵形。它们的翅已经退化，足较为纤细，为步行足。

【生活习性】常栖息于人类活动的环境中。喜集群，主要以鸟类、兽类的血液为食，具有吸食人血的行为。每年可产出5~7代，喜欢在接近人体温度的环境中生存。当遇到低温时，可进入半休眠状态。经常于每天的凌晨至清晨活动。被臭虫叮咬会引发比较强烈的皮肤瘙痒、红肿等。

【分布地域】中国长江以南地区，但随着目前物流等行业的发展，中国北方地区也偶见其踪影。

小贴士

令人烦恼的昆虫

温带臭虫是多种传染性疾病的宿主或中间宿主，人被其叮咬后有可能会感染回归热、麻风、鼠疫、脊髓灰质炎、结核病、锥虫病、东方疖、黑热病等疾病。一旦居住环境出现了臭虫，则很难将其消灭干净。因此，预防臭虫远比消灭臭虫重要。我们需要做到时刻保持个人卫生，勤换洗被褥。一旦发现有臭虫的痕迹，需要对所有有可能出现臭虫的地方进行高温处理，如开水浸泡、开水浇灌等。对不能用开水处理的地方，应用消毒粉或酒精等进行喷杀。被臭虫叮咬后，若出现头晕、恶心、发烧等症状，需要及时就医。

完全变态类昆虫

完全变态类昆虫是昆虫家族中演化水平最高的类群。它们最大的特征便是在发育过程中具有“蛹”这个阶段，在幼年期无论生活环境如何，它们均被称为“幼虫”。

在昆虫家族中，种类数量第一的鞘翅目昆虫、总数量第一的膜翅目昆虫都是完全变态类昆虫的典型代表。值得一提的是，很多人都认为完全变态类昆虫的幼虫都如同毛毛虫或蠕虫，不像不完全变态类昆虫的若虫那样可以轻松分清楚头、胸、腹 3 个体段。然而，还是有很多完全变态类昆虫在幼虫期可以进行体段的明显区分，如蚊类昆虫的幼虫、部分鞘翅目昆虫的幼虫等。

另外，完全变态类昆虫的幼虫的形态也是多种多样的，如蛴螬状幼虫、泳足状幼虫、蚧虫状幼虫、蠋状幼虫、伪蠋状幼虫等。这些形态上的差异与其生活环境、生活习性密不可分。

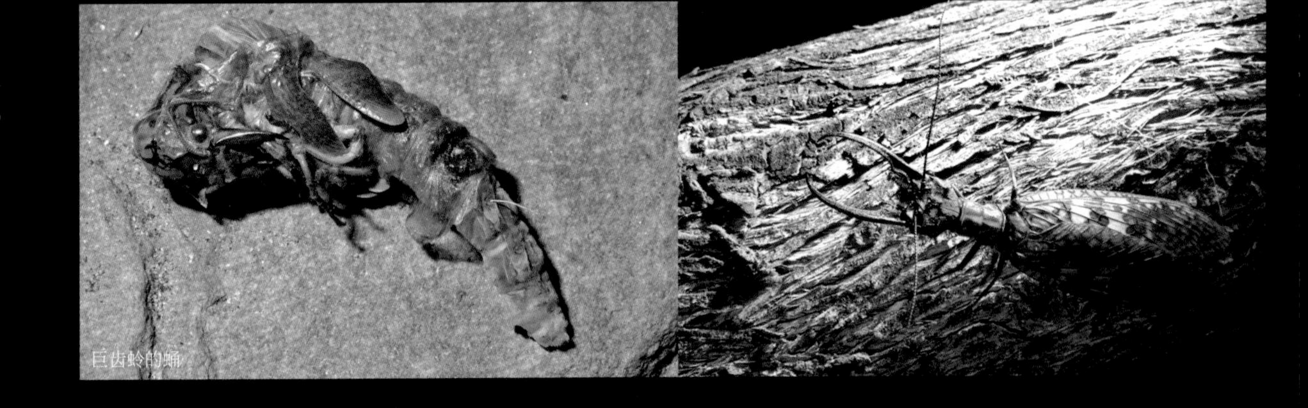
巨齿蛉的蛹

昆虫纲 广翅目 齿蛉科 巨齿蛉属

巨齿蛉（巨齿蛉属）

Acanthacorydalis

【外形识别】体型－大型。上颚较为发达，雄虫上颚比雌虫长。复眼也十分发达，有3只单眼。一般头部会有黄色的斑点或条纹。胸部形似矩形，而且长度大于宽度。它们有着近矩形并较为发达的翅，停落时常呈屋脊状横于腹部背方。

【生活习性】幼虫水生，且主要栖息于水质洁净的溪流等环境中。成虫具有夜行性和较强的趋光性。遇到危险会张开发达的上颚来回击对方。肉食性，主要以小型昆虫及其他无脊椎动物为食。

【分布地域】几乎分布于中国各地。

小贴士

受到威胁的“威猛杀手”

巨齿蛉属昆虫在中国一共有6种，常见的如东方巨齿蛉、越中巨齿蛉、单斑巨齿蛉等。它们因形态威武而受到广大昆虫爱好者的青睐。然而，由于很多地方会捕捞巨齿蛉幼虫制作美食，而且巨齿蛉幼虫对水质要求较高，故而因环境的污染以及其他人为因素，目前巨齿蛉属的野外种群受到了较为严重的侵扰。实际上，巨齿蛉幼虫可以作为很好的水质检测指示生物，且其成虫可以控制有害昆虫的种群数量。因此，我们对于巨齿蛉这类威武的广翅目昆虫，需要加以保护，才能让它们更好地在水中畅游。

小贴士
“骆驼虫”
蛇蛉成虫头部向后收缩，与很多毒蛇的头部形态相似，加之它们可以将头部抬高至身体的水平部位以上，很像要发动进攻的蛇类，因而得名。当然，还有人感觉蛇蛉头部是在向前延伸，并可以自由转动，很像沙漠中行走的骆驼，因此蛇蛉还有一个别名，即“骆驼虫”。蛇蛉目昆虫是一类较小的种群，目前，全世界已发现的蛇蛉目昆虫仅200余种，我国已发现的蛇蛉目昆虫大概为30种。

昆虫纲 蛇蛉目

蛇蛉（蛇蛉目）

Raphidioptera

【外形识别】体型较小，体色多以黑色、褐色、棕色为主。头部扁平，而且基部常常收缩变细，可自由活动。具有较为发达的咀嚼式口器。大多数蛇蛉目昆虫的触角为丝状触角，但也有极少数物种的触角为念珠状触角。胸部形状较为特殊，其前胸部分显著延长，像一个“脖子”。具有3对发达的步行足，这使得它们的行动速度较快。翅为膜质。腹部由11个腹节构成，其第10、11腹节背板常愈合成外肛片。在其第1~8腹节两侧，每节各具1对气门。雄虫的外生殖器大部分呈环状，由第9腹节背板与腹板连接而成。雌虫腹部末端的产卵器十分明显，呈针状。

【生活习性】主要分布于北半球。少数分布在南半球的种类全部分布在南半球的北部，且几乎全部生存于海拔800~3000米的高山丛林之中。肉食性，捕食小型昆虫或其他无脊椎动物，偶尔会取食孢子等植物产品。进入繁殖期时，雄虫通常会有较长时间的求偶行为。交配时，雄虫爬向雌虫的下方。雌虫产卵时，常会选择树皮等较隐蔽的地方。幼虫在经过成长后，需要经历低温才可化蛹，且低温也是羽化为成虫的基本因素。

【分布地域】中国黑龙江、吉林、辽宁、河北、北京、山西、内蒙古等地。

昆虫纲 脉翅目 螳蛉科 优螳蛉属

汉优螳蛉

Eumantispa harmandi

【外形识别】体型 - 中至大型，很像小螳螂的特异脉翅目昆虫。前胸的长度数倍于宽度，前端有 1 对瘤突。前足为捕捉足，基节大而长，腿节粗大，腹缘有齿列及 1 个大而粗的刺状齿，胫节细长而弯曲，跗节短而紧凑。翅两对相似，翅痣长而特殊，前翅前缘在痣以前弧凸，翅有 1 组或 2 组阶脉，翅基有轭叶。

【生活习性】肉食性。成虫具有趋光性。常停留在植株上等待路过的小昆虫，进行伏击。卵具有短柄。羽化之前，蛹会从茧中爬出，寻找适合羽化的地方进行羽化。

【分布地域】几乎分布于中国各地。

小贴士

蜘蛛克星

脉翅目的螳蛉，无论前足的形态还是利用前足捕食的方式都与螳螂目昆虫十分相似。除此以外，很多螳蛉还有十分有趣的求偶方式：雄虫看到“心仪”的雌虫后，会将身体挺直且将翅展开，这样的求偶方式在整个昆虫家族中都比较少见。然而，在求偶期间，只要有一方没有“看对眼”，便会出现打斗甚至攻击的行为，并不断摇晃捕捉足给出信号，这与部分螳螂目昆虫的“打旗语”行为很相似。汉优螳蛉的幼虫在初期行动能力很强，会寻找蜘蛛的卵囊，并以蜘蛛卵为食；当找到卵囊后，便会变为如蛆状的形态，行动能力几乎消失。

昆虫纲 脉翅目 蝶角蛉科 丽蝶角蛉属

黄花蝶角蛉

Ascalaphus sibiricus

【外形识别】 体型－中型。触角基部附近有黑色绒毛，触角略短于前翅，呈黑色，端部膨大成球状。额两侧光裸。有着较大的复眼和黑色的胸部，前胸有1条黄色横线，而且长着黄色的侧瘤；中胸的背板有6个黄色斑点；后胸为黑色，胸侧为黑色，长着黄斑。翅较长，形似三角形，前翅大部分透明，基部1/3处为黄色，中脉与肘脉间有1条褐色纵纹，翅痣为褐色；后翅中部大部分为黄色，基部1/3为褐色或黑褐色，中脉及第一肘脉有2条醒目的褐色线条，直达翅缘，将黄色的区域分为3块，翅端及后缘呈褐色，翅端有透明斑，翅痣为褐色。腹部为黑色，长着浓密的黑色柔毛。

【生活习性】 常栖息于海拔较低的林间或水源附近，喜欢伏于植被茎秆上。飞行能力较强，路线略呈波浪状。每年春、夏至秋均可发生。性情较凶猛，遇到危险会有飞离逃脱或撕咬的行为。

【分布地域】 中国黑龙江、吉林、辽宁、河北、北京、山西、内蒙古、陕西等地。

小贴士

蝴蝶与蜻蜓的结合体

蝶角蛉科昆虫经常被人们称为“蜻蜓与蝴蝶的结合体”。这主要是因为它们与蝴蝶一样拥有棒状触角。而且无论是身体的形态还是翅的形态，它们都与蜻蜓目昆虫非常相似，不过蜻蜓目昆虫的触角是刚毛状触角，我们可以通过这一点区分它们。此外，黄花蝶角蛉的口器非常发达，我们遇到它们时，千万不能用手捕捉！

昆虫纲 脉翅目 蚁蛉科

蚁蛉（蚁蛉科）

Myrmeleontidae

【外形识别】体型较大。触角较短，端部膨大，呈棒状或匙状。头、胸部长着浓密的绒毛或长毛。翅狭长，有翅痣和网状翅脉。腹部细长如蜻蜓目昆虫一般。幼虫为蚁狮，有着双刺吸式口器。

【生活习性】幼虫常栖息于沙地等环境中，用身体做出一个漏斗形的巢穴，伏于下方，捕食掉落的昆虫。成虫常栖息于森林或林缘等环境中，多为夜行性生物，白天喜欢躲避于隐秘的植被上。

【分布地域】中国各地。

而得名。虽然蚁狮有两个看似非常凶猛的长牙，但实际上它们并不取食猎物的固体部分，而是通过口器分泌消化液将猎物溶解，并吸取液体。因此，蚁狮的口器在昆虫学中称为捕吸式口器，也称双刺吸式口器。还有一点十分有趣，那就是蚁狮的巢穴没有盖子，那如何避免下雨时自己的巢穴被淹没呢？实际上，蚁狮做巢选择的地点不是随机的，它们往往会在上面有岩石或山峦的可以遮挡雨水的地方做巢。如此一来，被雨灌注的问题就迎刃而解了。

蚁蛉成虫

一只被蚁狮咬住的蚂蚁

蚁蛉幼虫

小贴士

流光溢彩的“宝石”

吉丁虫应该是很多昆虫爱好者，特别是甲虫爱好者都非常喜爱的一类昆虫，因为它们大多数色鲜艳并散发着金属光泽。我们经常在参观博物馆时看到展窗中各式各样美丽的吉丁虫，其实它们大多来自国外。这也会让我们以为吉丁虫科昆虫都如博物馆中的那些物种一样体型硕大且散发着宝石光芒。实际上，在中国的吉丁虫科中，又大又美的种类非常少，而大多数种类虽然“颜值”颇高，但体型很小。像金缘吉丁这种最大体长接近 2 厘米的种类，在中国吉丁虫科中已经不算小了。因此，如果我们想在野外发现吉丁虫，还是需要仔细地寻找的。

昆虫纲 鞘翅目 吉丁虫科 斑吉丁属

金缘吉丁

Lamprodila limbata

【外形识别】体型 – 小至中型。整体呈绿色并具有强烈的金属光泽。前胸背板侧缘的中后部、鞘翅侧缘与后缘为红色并有金属光泽。头部较短，正中有 1 条细纵沟，额部内凹并密布刻点和刻纹。前胸背板形似梯形，中部隐约可见 3 条微弱的黑色条纹。小盾片形似多边形，且宽度明显大于长度。鞘翅表面密布刻点，并组成不连贯的黑色条纹。腹部末端呈直截状或浅凹状。

【生活习性】常栖息于蔷薇科木本植物处。幼虫主要取食梨树、樱桃树、杏树、桃树、山楂树等蔷薇科植物的树干内部。每年夏季可见其成虫。雌虫主要在寄主植物的树皮缝隙处产卵。遇到危险时，会迅速飞离。被捕后会做出假死的行为。幼虫主要取食生命力不强的树木，甚至在已经死亡的树木中也可发现。

【分布地域】中国黑龙江、吉林、辽宁、河北、北京、内蒙古、山西、陕西、宁夏、甘肃、青海、新疆、河南、山东、浙江、江西、湖北等地。

昆虫纲 鞘翅目 花金龟科 跗花金龟属

白斑跗花金龟

Clinterocera mandarina

【外形识别】有着中等狭长的体型。通体为黑色，具有较强的光泽。每个鞘翅上都有2个横宽的白色斑点。头部较大并具较多的大刻点，且刻点上长着极为细微的短毛。触角有10节，柄节特化，呈猪耳状。小盾片形似长三角形，端部较尖并具有较大的刻点。足均为4个跗节，前足胫节外缘有2个齿，端部下面长着1个齿突。

【生活习性】常栖息于海拔1500米以下的森林、林缘、平原等环境中。成虫有活动于蚂蚁巢穴中的行为，并取食蚂蚁卵、幼虫和蛹，有时也会取食植物花粉等。遇到危险时，会将触角和下唇同时收缩，并使其与头部完全贴合，以保护触角、复眼等重要器官。

【分布地域】中国辽宁、河北、北京、天津、山西、陕西、湖北等地。

小贴士

吃肉的花金龟

花金龟科昆虫因其形态多样、颜色绚丽而被广大昆虫爱好者所青睐。大名鼎鼎的大王花金龟、乌干达花金龟等更是作为甲虫宠物而闻名于世。跗花金龟类在花金龟中可谓“另类”的存在。它们不仅取食花蜜，还具有明显的肉食倾向，有袭击蚁巢内蚂蚁卵、幼虫，以及捕食蚜虫、蚧壳虫等行为。其实，在整个金龟家族中，很多类群都有这样“另类”的习性，如锹甲科的矮锹亚科、犀金龟的扁犀金龟族都具有肉食性。

昆虫纲 鞘翅目 犀金龟科 叉犀金龟属

双叉犀金龟

Trypoxylus dichotomus

【外形识别】体型 - 大型。雌雄形状区别较大。雄虫的体表光滑且具有光感，体色为红褐色至黑色。头部有一个向斜上方伸出的角状突起，且在突起末端分叉两次，即分叉后在每个叉上继续分叉一次。它们有着鳃状触角，前胸背板上还密布着细微的刻点，有一个向前延伸的短角状突起末端分叉。鞘翅较光滑，腹部侧面长着绒毛。足为步行足，且跗节有较发达的刺突。雌虫与雄虫相似，但雌虫头部及前胸背板无角状突起。

【生活习性】完全变态。幼虫栖息在腐殖质含量较高的土壤下。主要以腐殖质及植物的根、地下茎等为食。化蛹前会在土壤中制作一个蛹室，和大多数犀金龟科昆虫不同，双叉犀金龟的蛹室在土壤中为直立的，并非横倒的。而且它们只需经过近一个蛹期便可羽化为成虫。成虫主要以植物的嫩枝、果实等为食，而且在繁殖期间具有强烈的争斗性。它们会将头角尽可能向对手身下插入，并试图将其掀翻。成虫无论雌雄均具有趋光性。

【分布地域】中国吉林、辽宁、河北、河南、山东、安徽、江苏、浙江、湖北、湖南、江西、广东、广西、福建、重庆、四川、贵州、云南、海南、西藏、台湾等地。

小贴士

大名鼎鼎的“独角仙”

双叉犀金龟应该是知名度最高的昆虫之一，大家将其称为“独角仙”。虽然双叉犀金龟是现代分类学之父——卡尔·冯·林奈所命名的，但实际上最早林奈却将其归为蜣螂，直到后来科研人员才发现它其实是一种犀金龟。现如今，随着甲虫宠物的流行，双叉犀金龟已经有几十年人工繁育的历史，并成了甲虫饲养的入门级物种。很多朋友也是从饲养独角仙开始喜欢上甲虫、喜欢上昆虫的。

昆虫纲 鞘翅目 臂金龟科 彩臂金龟属

阳彩臂金龟

Cheirotonus jansoni

【外形识别】体型 - 大型。头部、胸部及小盾片有着光泽极为强烈的金属绿色，胸部周围有橙黄色的柔毛。鞘翅呈棕黑色，长着不规则的刻点，并且前端有黄色或橙黄色斑点。雌雄异型。雄虫有着较长的前足，足上还长着发达的刺。雌虫前足则为一般长度。

【生活习性】常栖息于温带及热带阔叶林中，成虫以植物汁液为食。幼虫生活在较深的腐殖质中，并以此为食。每年发生于6—8月，成虫具趋光性且寿命较短。交配时，雄虫会用发达的前足卡住雌虫，以防止其逃脱。

【分布地域】中国江苏、浙江、江西、湖南、四川、广东、广西、海南等地。

小贴士

甲虫中的“国宝”

阳彩臂金龟因雄虫那极具特点的延长性前足而闻名于世。它们的分布较为广泛，而且常常出没于夏季雨后的灯光下，但切记，我们欣赏这些灵动的小精灵就可以了，千万不要捕捉它们。以阳彩臂金龟为代表的臂金龟科昆虫目前均为中国国家二级保护动物，对其进行采集毫无疑问是一种违法的行为。

昆虫纲 鞘翅目 象甲科

象甲（象甲科）

Curculionidae

【外形识别】体型从极小至大型均有。大多数物种的身体表面都会覆盖一层鳞粉或鳞片状物体，头部及口器有延长且弯曲，喙部中间及端部的区域有触角沟。触角共11节，大部分为膝状触角。鞘翅十分坚硬，且有些物种的鞘翅具有瘤状物或深沟。形态各异，体色从暗淡的黑色、棕色到非常鲜艳靓丽的彩色都有。

【生活习性】绝大部分象甲为植食性，且主要以壳斗科植物等为寄主。象甲的口器是为了在壳斗科植物的果实上挖个小洞方便产卵而演化出来的。

【分布地域】中国各地。

小贴士

胆小的象甲

象甲，俗称"象鼻虫"。它们不仅形态各异，颜色千差万别，就连习性也很多样。著名昆虫学家、文学家法布尔先生在其著作《昆虫记》中，就对象甲科昆虫进行了颇为详细的观察论述。另外，象甲科昆虫大多比较敏感且胆小，一旦遇到危险，它们最先采取的策略是假死。如果你不小心触碰到它们，它们便会将六足蜷缩起来，此时就算你将某一足拉出，它们仍会迅速蜷缩。大部分象甲在假死后，通常过几分钟就会恢复如初。但也有一些种类的象甲，其假死状态会持续几十分钟甚至一个小时以上。

昆虫纲 鞘翅目 天牛科 丽天牛属

蓝丽天牛

Rosalia coelestis

【外形识别】体型－中型。身体呈天蓝色或亮蓝色，并具有很多的黑色斑点或横斑。触角呈丝状、蓝色，鞭节基部有黑色绒毛。胸部为天蓝色，中部有一个弧形黑色斑。足为黑色，跗节为天蓝色。鞘翅为蓝色，有 3 条明显的粗条纹。

【生活习性】常栖息于海拔较低的森林、林缘、林木聚集地等环境中。成虫每年 6—8 月活动，常单独于树木上觅食。较敏感，遇到危险后会迅速往下掉落或直接飞离。繁殖期后，雌虫常会选择柳树、核桃树、杨树等进行产卵，幼虫取食活木或死木树干。

【分布地域】中国黑龙江、吉林、辽宁、河北、北京、陕西、贵州、云南等地。

小贴士

色彩艳丽的天牛

天牛，应该算是大众都比较熟悉的鞘翅目昆虫之一了。它们大多数长有长长的丝状触角，因而较容易在野外辨认。大多数朋友印象中的天牛应该都是黑底白点的，即星天牛属的物种。这是因为星天牛属的物种数量较多，而且在我们身边就可以发现。但实际上，天牛的种类非常多，形态也千奇百怪。比如蓝丽天牛就是一种“高颜值”的物种。它们主要栖息在山区，以柳树、核桃树等为寄主。值得一提的是，虽然大部分天牛会啃食木材，对林业造成影响，但其实还有一些物种，其幼虫在活树、死树上都可以存活，蓝丽天牛便是如此。因而，并不是所有天牛对人类来说都是有百害而无一利的，那些分解死树的物种实际上对于保持生态平衡也有重要的意义。

昆虫纲 鞘翅目 天牛科 星天牛属

星天牛

Anoplophora chinensis

【外形识别】体型－中到大型，通身呈黑色，并具有金属光泽，鞘翅基部有许多不规则小颗粒，上面有许多白色斑点，斑点较大，并呈不规则排列。幼虫为白色，前胸背板骨化区有“凸”形斑纹。

【生活习性】常栖息于海拔较低的平原或山区环境中，喜欢在杨柳科植物上活动。两年发生一代。以幼虫形态在蛀道内越冬。每年6—8月发生，成虫寿命为40～50天。

【分布地域】中国河北、北京、天津、山西、山东、浙江、江苏、上海、广东、广西等地。

小贴士

区分两种常见的星天牛

由于星天牛分布广泛，数量较多，个体较大，所以很多人以为所有天牛都是这个样子的。实际上，我们已经了解到，天牛科是一个非常庞大的生物类群，天牛科昆虫的形态也十分多样。不仅如此，就算都是“黑底白点”的天牛，也不一定均为星天牛。常见的天牛中，有一种与星天牛十分相似，即光肩星天牛。顾名思义，光肩星天牛的鞘翅前端如同“肩”的地方没有颗粒状突起，而星天牛该处有颗粒状突起。知道了这一点，就很容易区分它们了。

昆虫纲 鞘翅目 天牛科 指角天牛属

榕指角天牛

Imantocera penicillata

【外形识别】拥有褐色和深棕色的身体，外壳上点缀着黑色、黄色斑点。触角的中间长着一块黑色柔毛，有点像马桶刷子。鞘翅后面有一个黄色大斑点。表面粗糙不平，有着像小疙瘩一样的突起。

【生活习性】喜欢寄生在菩提树等榕属植物上。雄性成虫在交配期会为获得交配权而争斗，它们强壮的上颚就是争斗的武器。

【分布地域】中国贵州、云南等地。

小贴士

一起吃才香

榕指角天牛是一种在云贵地区较为常见的形态有趣的小型天牛科物种。它们最有意思的地方在于其触角上有簇毛。一般来说，榕指角天牛喜欢一群一群地在寄主身上活动，我们甚至可以在一棵树上发现十几只甚至几十只榕指角天牛，场面非常壮观。

昆虫纲 鞘翅目 天牛科 白条天牛属

云斑白条天牛

Batocera lineolata

【外形识别】身体呈黑褐色至黑色，长着浓密的灰白色至灰褐色绒毛。雄虫触角超过体长的1/3，雌虫触角略长于身体。雄虫从第3节起每节的内端角并不特别膨大或突出。前胸背板中央有一对肾形白色或浅黄色毛斑，小盾片上长着白色的毛。鞘翅上有不规则的白色或浅黄色绒毛组成的云片状网纹，近基部处有大小不等的瘤状颗粒，肩刺大而尖，微指向后上方。翅端略向内斜切，内端角呈短刺状。卵呈长椭圆形，乳白色至黄白色。幼虫粗肥，前胸硬皮板为淡棕色，略呈方形。蛹为淡黄白色，头部和胸部背面有稀疏的棕色刚毛。

【生活习性】常栖息于海拔较低且温暖的阔叶林、林缘等环境。以蛹的形态越冬。主要以杨柳科植物、桦木科植物、壳斗科植物、蔷薇科植物、黄杨科植物等为食。成虫啃食新枝嫩皮，幼虫蛀木韧皮部及木质部。

【分布地域】中国河北、陕西、山东、河南、江苏、浙江、安徽、湖北、湖南、江西、广东、广西、福建、四川、重庆、贵州、云南、台湾等地。

小贴士

“南北通吃”

云斑白条天牛是一种常见的大型天牛，其身体颜色较为鲜艳，非常容易识别。它们的幼虫可以以多种植物为食，如蔷薇科植物、杨柳科植物、桑科植物、胡桃科植物、木犀科植物，以及玄参科的部分木本植物。如果想要观察这种天牛，我们可以选择在中国南方的5月和9月下旬，以及北方的6月前往它们的寄主旁。

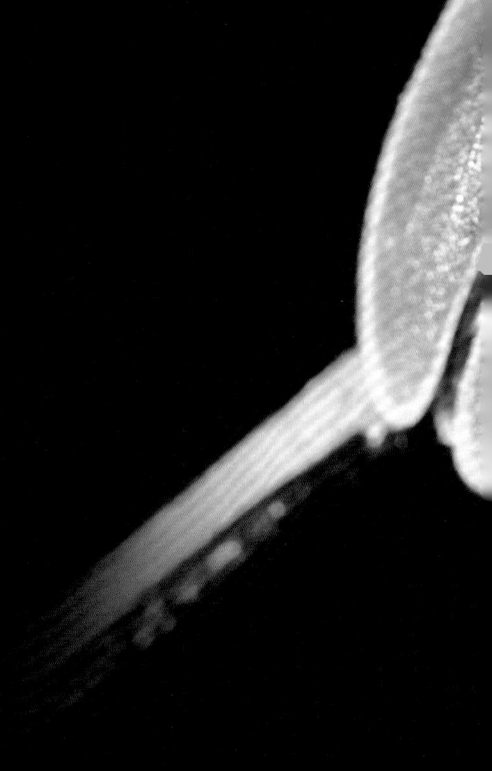

昆虫纲 鞘翅目 萤科

萤火虫（萤科）

Lampyridae

【外形识别】体型 - 小至中型。身体整体偏扁，多为黑色、橙黄色或褐色。有着丝状或栉状触角。一般雄虫复眼较大，雌虫复眼较小。头部隐藏于前胸背板下方。鞘翅较软，扁宽，部分雌虫无翅。雌、雄虫均可发光，雄虫腹部倒数第 1、2 节可以发光，雌虫腹部倒数第 1 节可发光。

【生活习性】常栖息于较为温暖且临水的环境中。幼虫主要取食蜗牛，会用口器将消化液注射到蜗牛的体内，并将蜗牛溶解，取食液体部分。成虫食性较为多样，多数为捕食性，以小型昆虫及其他无脊椎动物为食，但也有少数会取食植物。同时它们可以用腹部发射不同光频的光来进行交流。

【分布地域】几乎分布于中国各地。

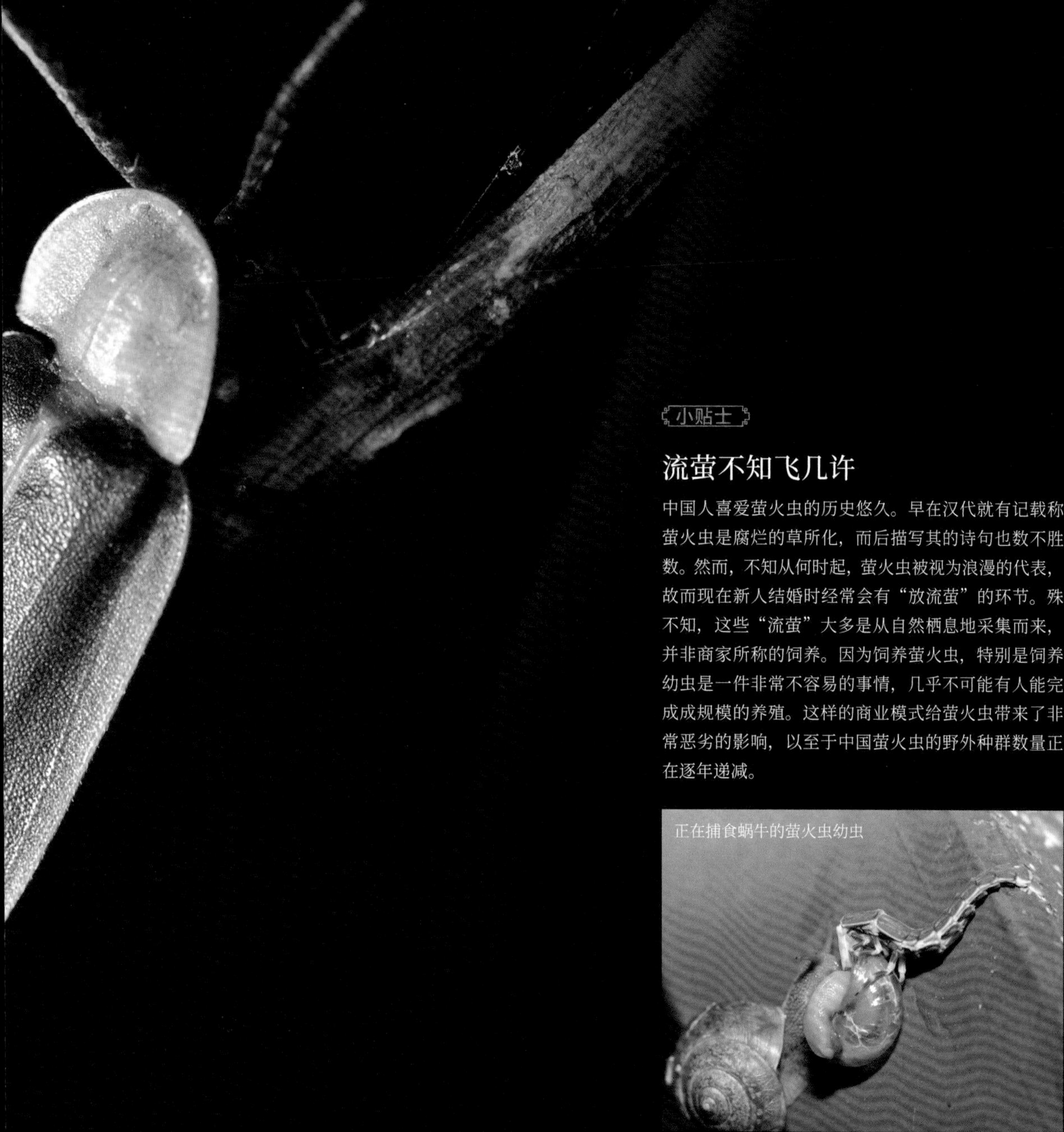

小贴士

流萤不知飞几许

中国人喜爱萤火虫的历史悠久。早在汉代就有记载称萤火虫是腐烂的草所化，而后描写其的诗句也数不胜数。然而，不知从何时起，萤火虫被视为浪漫的代表，故而现在新人结婚时经常会有“放流萤”的环节。殊不知，这些“流萤”大多是从自然栖息地采集而来，并非商家所称的饲养。因为饲养萤火虫，特别是饲养幼虫是一件非常不容易的事情，几乎不可能有人能完成成规模的养殖。这样的商业模式给萤火虫带来了非常恶劣的影响，以至于中国萤火虫的野外种群数量正在逐年递减。

正在捕食蜗牛的萤火虫幼虫

昆虫纲 鞘翅目 步甲科 凹唇步甲属

小凹唇步甲

Catascopus facialis

【外形识别】体型－小型。全身具有强烈的金属光泽，上唇与唇基前缘有凹口。足基节至腿节为紫绿色，胫节及以下为棕黄色。鞘翅上有多条由刻点排列而成的纵刻纹，鞘翅末端没有完全覆盖腹部末端。

【生活习性】常栖息于低海拔的热带林地之中，喜欢在朽木的树皮中活动。具有夜行性，捕食比自身体型小的昆虫及其他无脊椎动物。爬行速度较快，若遇到危险则喜欢迅速躲入树皮表面的缝隙中。

【分布地域】中国广西、云南、海南、西藏等地。

小贴士

栖息在树上的步甲

步甲科是肉食性鞘翅目昆虫的代表家族。步甲科昆虫们的体态各异，体长几毫米至几十毫米的个体均存在。小凹唇步甲是一种体型较小的步甲科昆虫，它们因通身的绿色以及非常强烈的金属光泽而被人们所青睐。这些有趣的昆虫喜欢栖息于温暖的环境中，并经常在夜晚出动，而且较为罕见地活动于树皮中。小凹唇步甲主要捕食夜晚在树干上活动的各类小型昆虫及其他无脊椎动物，当遇到危险时，会迅速向上爬行或躲进树皮中以逃离天敌的视线。

昆虫纲 鞘翅目 步甲科 大步甲属

硕步甲

Carabus davidi

【外形识别】体型－大型。有着长而细的触角。前胸背板为蓝紫色，呈心形，前缘略凹，两侧弧圆，向后逐渐变狭窄，后角端向下且刚刚超过基缘。鞘翅呈长卵形，中后部最宽，具有刻点，呈绿色且具有金属光泽。足细长，雄虫前足基部第4节膨大。腹部光洁，每节中线两侧有成对的刻点，腹部有毛。卵呈淡黄色，为长椭圆形。

【生活习性】常栖息于各海拔的落叶层、砖石及浅土层等环境中。白天喜欢隐匿于木下、岩石下及落叶层等环境中，夜晚活动觅食。成虫具趋光性。主要以各种昆虫及其他小型无脊椎动物为食，凶猛，速度快，捕食效率较高。遇到危险会快速逃离或做出假死行为。

【分布地域】中国浙江、江西、广东、福建等地。

小贴士

步甲家族的保护动物

硕步甲是一种非常著名的步甲科大步甲属昆虫。它们因极具金属光泽的鞘翅和体形硕大等特点而被很多甲虫爱好者乃至昆虫爱好者所青睐。然而，硕步甲以及分布于北方的拉步甲，都属于中国国家二级保护动物，切忌捕捉。同时由于栖息地被破坏，这些大步甲（不仅仅是硕步甲和拉步甲）目前在野外的种群数量已经呈现出下滑的趋势。

昆虫纲 鞘翅目 步甲科 虎甲属

芽斑虎甲

Cicindela gemmata

【外形识别】体型 - 小至中型。头、胸部呈金属红色，鞘翅呈深绿色，体腹面呈红色、绿色和紫色。鞘翅具有淡黄色斑纹，每翅基部有 1 个芽状小斑，中部有 1 条波状横纹。

【生活习性】成虫、幼虫均为捕食性，捕食其他小昆虫。喜欢在干燥的地方栖息觅食。成虫很活跃，白天喜在田坎、河边觅食小昆虫，行动敏捷。幼虫栖息于沙草地的洞穴内，捕食接近洞口的猎物，腹部背面有倒钩，可防止猎物挣扎时将自己拖出洞外。

【分布地域】中国河北、北京、河南、四川等地。

小贴士

有趣的“引路虫”

芽斑虎甲是一种非常敏捷的鞘翅目昆虫。它们的爬行速度非常快，以至于它们在移动时根本无法看清周围的环境，时常需要停下来观察一下四周。除此以外，芽斑虎甲的飞行能力并不强，故而当有人接近它们时，它们仅能做短距离飞行，并停落于不远的地方；当人们再次接近时，它们还会重复相同的动作。也正因为这个习性，人们将其称为“引路虫”。

昆虫纲 鞘翅目 阎甲科

阎甲（阎甲科）

Histeridae

【外形识别】体型－小至中型，以小型为主。身体常呈卵圆形至长圆形，且大部分为隆起的形态，只有少数家族的身体扁平。体色以黑色为主，有些物种身体上有金属光泽。上颚较为发达，明显向前突出。鞘翅平整、有光泽，覆盖不了整个腹部，常常露出倒数 1 个或 2 个腹节。

【生活习性】常栖息于森林、平原、林缘、草原及河谷等环境中。成虫为肉食性，会前往动物粪便或尸体中捕食食粪昆虫或食腐昆虫。遇到危险时，有些物种会做出假死的行为。

【分布地域】几乎分布于中国各地。

小贴士

聪明的肉食者

很多人避之不及的动物粪便及动物尸体，实际上是寻找和观察多种昆虫的理想场所。有许多昆虫都以上述这些动物废料性食物为食。最著名的当属蜣螂、葬甲以及各式各样的双翅目昆虫、鳞翅目昆虫了。然而，在捕食这些动物废料性食物的昆虫中，有一些昆虫“不走寻常路”。其中，阎甲科昆虫便是非常好的代表类群。它们虽然经常出没于动物粪便或动物尸体等环境中，也因这样的行为在中文名中被冠以“阎”字，但它们却既不是食腐性昆虫，也不是食粪性昆虫，之所以会光临这些地方，是因为这样的环境会吸引很多昆虫，而且这些昆虫会在这样的环境中产卵。如此一来，本身为肉食性昆虫的阎甲科昆虫便可以获得源源不断的食物。

昆虫纲 鞘翅目 锹甲科 大锹属

中华大锹

Dorcus hopei

【外形识别】雌雄二型，全身呈黑色。头前棱于两侧发达，形成一对三角形突起，略与大颚基部重叠。前后眼缘不相接。大颚除端齿外仅有一枚简单的内齿，无任何其他内齿或小的突起。大个体雄虫内齿朝前，位置偏前方，头盾侧角不高于大颚基部内缘。前胸背板较宽短，侧缘后段无较长的凹形区域。鞘翅无排列的稀疏隆纹。中、后足胫节端部扩大的部位通常较短。雄虫外生殖器基片腹突近椭圆形或纺锤形。

【生活习性】常栖息于海拔 200～2000 米的山区阔叶林等环境中。白天喜欢躲藏于树洞等隐蔽处。具有夜行性、趋光性。幼虫主要以朽木等为食。成虫主要以植物汁液、果实等为食。繁殖期时，雄虫具有较强的领地意识，相遇后会发生争斗行为。

【分布地域】中国山东、江苏、江西、浙江、上海、安徽、湖北、湖南、广东、广西、福建等地。

小贴士

锹甲名称的由来

中华大锹可能是很多朋友尤其是南方的朋友第一次见到的锹甲物种。中华大锹雄虫的上颚非常发达，这是典型的锹甲科昆虫的特点。锹甲这个名字来源于中国古人用来挖土和铲土的工具——耒耜（铁锹的前身），其与雄性锹甲的上颚十分相似。不过，锹甲科雄虫发达的上颚并不是用来挖土的，而是争夺配偶时相互角逐的利器。

昆虫纲 鞘翅目 锹甲科 锯锹属

两点锯锹

Prosopocoilus astacoides

【外形识别】体型－中型。身体呈橙黄色、橙红色、红色。雌雄二型。雄虫有着发达的上颚，由于幼虫营养累积及基因等因素不同可分为大牙型、中牙型和小牙型。有着鳃状触角。胸部两侧各有一个明显的黑色斑点。足与身体颜色一致，跗节强壮。鞘翅呈橙黄色、橙红色或红色。雌虫与雄虫颜色相似，但无雄虫发达的上颚。

【生活习性】常栖息于海拔较低的阔叶林或林缘等环境中。繁殖期雄虫具有争斗行为。主要以植物果实或乔木树干流出的汁液为食。雌虫喜欢在较软的朽木上产卵。

【分布地域】中国河北、北京、河南、山东、浙江、江苏、湖北、湖南、贵州、云南等地。

两点锯锹一龄幼虫

小贴士

最常见的锹甲之一

两点锯锹因较为常见，但文献对其描述不同，所以有很多异名，如褐黄前锹、两点赤锯锹等。同时两点锯锹因分布、形态等的不同出现了很多亚种，如在中国分布的普通亚种、樟木亚种、滇南亚种等。这些亚种之间虽然可以相互繁殖，但在自然分布中几乎不重叠，且形态有较大的差别。如普通亚种身体较黄，而滇南亚种全身为深橙红色甚至红色等。

小贴士

生活在高海拔地区的锹甲

深山锹属昆虫的头盾都十分发达，且其经常生活在海拔较高的密林中，故而被称为深山锹。斑股深山锹是一类分布非常广泛的深山锹代表种。与其他深山锹一样，斑股深山锹无论是幼虫还是成虫都较为耐寒，但十分不耐炎热。也正因为这个习性，很多想饲养甲虫却又做不到有效控制温度的人不得不放弃饲养深山锹。

昆虫纲 鞘翅目 锹甲科 深山锹属

斑股深山锹

Lucanus maculifemoratus

【外形识别】体型 - 大型。身体粗壮。雄虫上颚十分发达，并具有数个小齿。大颚自基部向前逐渐变窄，且于中段近顶部 1/3 处弯曲。头部较宽短，明显宽于前胸背板。头前棱清晰。头盾前端呈尖角状。中、后足胫节呈暗色。中足胫节具有 3~5 枚较长的刺。鞘翅上长着细毛。雌虫大颚内齿一般呈双突状，且远离尖端。头部表面刻点较小。眼缘的后角比较显著。前胸背板前角较钝圆。后足腿节腹面有黄色或黄褐色小斑点。

【生活习性】常栖息于较冷的森林或林缘等环境中，主要以植物果实等为食。幼虫期较长，一般雌虫幼虫期可达到 1.5 年，雄虫幼虫期最长可达到 2 年。幼虫以朽木为食。每年 6—8 月为成虫期，且一般气温越高发生期越早。成虫具有较强的趋光性。

【分布地域】中国黑龙江、吉林、辽宁、河北、北京、天津、山西、陕西、甘肃、河南、浙江、安徽、湖北、福建、四川、贵州、云南、台湾等地。

昆虫纲 鞘翅目 锹甲科 阿锹属

华东阿锹

Aulacostethus tianmuxing

【外形识别】 体型－中型。通身呈黑色。雄虫上颚较为发达且宽厚，大型个体内侧具有 1 个发达的基齿。复眼下方的纹理十分粗糙，并长着多数为颗粒状的小突起。头顶上方有较浅的凹痕。足较短，跗节也较短。鞘翅光滑，无任何刻点。

【生活习性】 常栖息于海拔 800 米以上的常绿阔叶林等环境中。白天喜欢藏身于土中，夜晚会爬出活动。成虫具有趋光性，雌虫于朽木上进行产卵。

【分布地域】 中国浙江等地。

小贴士

"天目之星"

分布在中国的众多锹甲中，华东阿锹可谓大名鼎鼎！这种锹甲的分布十分狭窄，稳定的栖息地仅有浙江天目山，每一位喜欢锹甲的爱好者都希望能够与其见上一面，久而久之，华东阿锹被誉为"天目之星"。2013 年，华东阿锹被真正认定成一个独立的物种，而命名它的昆虫学研究者也借用其"天目之星"的美誉，将其拉丁种加词定为"*tianmuxing*"，其拉丁学名直译过来就是"天目之星锹甲"。

昆虫纲 鞘翅目 锹甲科 琉璃锹属

莱迪琉璃锹

Platycerus ladyae

【外形识别】体型－小型。全身都长着密密麻麻的刻点，并具有金属光泽。上颚不发达，有刷子状内齿。胸部呈盾形，具有加厚的边缘。足为黑色，但腿节为橙黄色或橙红色。鞘翅呈长形。腹部腹面长着短柔毛。

【生活习性】常栖息于海拔 2200 米以上的森林环境。活泼好动，并较善于飞行。遇到危险时会假死。

【分布地域】中国四川等地。

小贴士

长相另类的锹甲

很多人会认为锹甲科雄虫都有着发达的上颚，这确实也是它们的代表性特征之一。但是，锹甲中的一小部分雄虫上颚却并不算特别发达，琉璃锹属便是如此。莱迪琉璃锹是一种分布范围非常狭窄的高海拔物种，本就难以被发现的它们，因其形态使得很多人即使看到它们也不会将其与威武的锹甲联系到一起。当然，如果了解锹甲科昆虫，看到它们不能合拢的鳃状触角，自然就不会将其认错了。

小贴士

蜣螂身上为什么不沾脏东西

虽然蜣螂总是在动物粪便中爬来爬去，但如果仔细观察，我们会发现这些有趣的小家伙身体都非常洁净，很少有沾满粪便的现象。这实际上是因为它们身体表面粗糙的颗粒状结构可以有效地使粪便脱离。那么，在我们平时的生活中，有没有什么器物与蜣螂身体表面的形态相似呢？如果来到厨房，我们便可以发现经常使用的不粘锅，其表面就有这种颗粒状突起。而不粘锅的发明也参考了蜣螂的形态。

昆虫纲 鞘翅目 金龟科 嗡蜣螂属

黑玉嗡蜣螂

Onthophagus gagates

【外形识别】体型－小至中型。全身呈黑色。雌雄异型。雄虫头部有 2 个角状突起，雌虫则有 1 条微微突起。胸部密布刻点，并有 2 个小型角状突起。鞘翅上的刻纹多为纵向。

【生活习性】常栖息于中低海拔地区。平时喜爱伏于地面、植被上休息，取食各种动物粪便。

【分布地域】中国辽宁、河北、北京、内蒙古、山西、山东、安徽、四川等地。

昆虫纲 鞘翅目 金龟科 西蜣螂属

赛西蜣螂

Sisyphus schaefferi

【外形识别】体型较小。全身呈球形，颜色为黑色或黑褐色。有着黑色鳃状触角和圆形的胸腹。鞘翅上有不明显的纵纹，无小盾片。后足非常长，腿节膨大明显。

【生活习性】常栖息于林区、居民区，在黄昏及夜间活动于植被周围。

【分布地域】中国辽宁、河北、北京、内蒙古、山西、陕西、宁夏等地。

小贴士

昆虫家族中的“西西弗斯”

赛西蜣螂是一种较为常见且分布较广的蜣螂。它的拉丁学名中的种加词非常有意思，来源于希腊神话中推石头的西西弗斯。传说中，西西弗斯是人间中最具智慧的人，曾一度绑架死神，让世间没有了死亡。最后，宙斯惩罚西西弗斯，要求他把一块巨石推上山顶，但每次还没有达到山顶，石头就滚下去了，周而复始，未有尽头。人们看到赛西蜣螂用后足滚着粪球，不断地在地面爬行，有时还艰难地将粪球推上土坡，即使粪球滚下也不遗余力地继续进行这个动作，便想起了推石头的西西弗斯，故而将其以“西西弗斯”命名。

小贴士

“搭便车”的生物关系

葬甲科昆虫是一类非常有意思的腐食性动物。它们因取食动物尸体而得名。在它们的身体上，常常能看到很多螨虫，但这些螨虫并不以取食葬甲为生，而同样是一类腐食性螨。它们在葬甲科昆虫身上可以“搭便车”，这样便可以借助葬甲科昆虫飞行的优势快速找到食物。另外，葬甲科昆虫虽然以尸体为食，很多人对它十分厌恶，但在昆虫家族中，它们却是非常优秀的父母。它们具有育幼的行为，这在昆虫乃至无脊椎动物中也并不算常见。

昆虫纲 鞘翅目 葬甲科 葬甲属

隧葬甲

Silpha perforata

【外形识别】体长约 20 毫米。头部密布刻点。头盾前端有密密的黄色刚毛，中央部分向里弯曲，触角末端 3 节膨大稍明显，呈黑褐色。前胸背板和小盾片密布刻点。前胸背板中央盘区不向里凹陷而盘区后方两侧有凹陷。鞘翅有不太明显的光泽，具有 3 条非常明显的纵脊，中间 1 条最长，接近翅端，最内侧次之，最外侧 1 条最短，但长于鞘翅总长的 2/3。肩室密布刻点，外缘无刻点，侧缘有小刻点。鞘翅侧缘有明显的较宽的压边，从前至后逐渐变窄。鞘翅总体看前端窄于中部，后部呈半圆形。跗节的两侧各有一个浅的凹陷。腹部末端两节后缘有褐色毛，腹部一般不外露，有小刻点。

【生活习性】常栖息于低海拔热带地区的林地之中，喜欢在朽木的树皮中活动。具有夜行性。捕食比自身体型小的昆虫及其他无脊椎动物。爬行速度较快，若遇到危险则喜欢迅速躲入树皮表面的缝隙中。

【分布地域】中国黑龙江、吉林、辽宁、内蒙古、河北、北京、陕西、江西等地。

小贴士

小心！不要用手拍！

首先我们要知道，虽然隐翅虫的外形与蚂蚁非常相似，但实际上它们是鞘翅目昆虫，也就是一类甲虫，所以千万不要以为它们和蚂蚁一样可以用手捕捉。部分隐翅虫的体液具有毒性，有可能会造成强烈的过敏反应，甚至休克及死亡。这里需要和大家强调以下几点。第一，并不是所有隐翅虫科物种都会对人造成危害，一般来说主要是毒隐翅虫属的物种具备这样的“杀伤力”，我们依靠“黑红黑红黑”的体色便可辨认出毒隐翅虫属的成员。第二，当发现毒隐翅虫时，不要主动招惹，如果它们落到我们的身体上，特别是裸露的皮肤上时，一定不能用手将其拍死，因为其体液是造成皮炎的主要原因。正确的做法是用嘴将其吹走。第三，如果毒隐翅虫的体液真的沾到了皮肤上，也不用过度惊慌，很多报道的案例是因为其体液引发了过敏反应才会比较凶险。此时，我们应该前往医院，向皮肤科医生说明情况，让医生进行处理。

昆虫纲 鞘翅目 隐翅虫科 毒隐翅虫属

毒隐翅虫（毒隐翅虫属）

Paederus

【外形识别】体型 - 小到中型。有着细长、两侧略平行，或者末端尖削、略扁平的身体，整体颜色为黑黄相间。头部为黑色，触角呈丝状或棒状，前胸、腹基部为橘红色或橘黄色。有两对翅，前翅很短且坚硬；后翅为膜质，长而大，飞行时展开，静止时折叠于前翅下方。腹部除末端为黑色，其余均为橙红色。

【生活习性】常栖息于较为温暖且较为潮湿的环境。行动迅速，善于飞行。杂食性，主要以植物、菌类以及小型昆虫及其他无脊椎动物为食，甚至有时可以动物尸体、粪便等为食。每年最多可发生 3 代，以成虫形态越冬。遇到危险后，一般会立即逃脱。若不慎沾到其体液，有可能会造成皮炎、过敏等症状。

【分布地域】中国湖北、湖南、广西、广东、福建、四川、重庆、贵州、云南、海南等地。

昆虫纲 鞘翅目 龙虱科 真龙虱属

黄缘真龙虱

Cybister bengalensis

【外形识别】身体为长椭圆形，前端略窄，背面略拱。背面呈黑色，常常具有绿色的光泽。上唇、唇基及前胸背板侧缘和鞘翅侧缘呈黄色，而腹面、后足、中足腿节为深棕色或深红色；中足胫、跗节及前足、触角则为棕黄色。鞘翅侧缘的黄边基部明显宽于前胸背板的侧缘黄边；翅缘黄边至末端渐窄，呈钩状；鞘翅缘折脊基部为黄色，后面的部分则是黑色。雄虫前胸背板光滑，鞘翅具有较密的瘤突；雌虫前胸背板两侧有网状刻皱；鞘翅基部具有短纵刻线，刻线于翅缘后延至翅中部以后，内缘不达中部，因而形似三角形。

【生活习性】成虫与幼虫均生活在湖泊、河流、溪水中，捕食软体动物、昆虫、小鱼、小虾、蝌蚪等。交配时，雄虫分泌黏性物质于前足上，并使前抱握足抱住雌虫进行交配。

【分布地域】中国北京、浙江、福建、广州、海南、云南等地。

小贴士

武装到牙齿的甲虫

黄缘真龙虱又被称为日本金边龙虱，是一种大型的龙虱科昆虫。它们的足非常有意思，前、中、后足分别有着不同的功能。它们以中足来行走，后足则是善于游泳的游泳足，雌虫前足无特化而雄虫的前足是为了能在水中抓紧雌虫而特化的抱握足。黄缘真龙虱极其凶猛，善于捕食鱼类、蝌蚪和水生昆虫及其他无脊椎动物。也因为其个体庞大、美观，现在我们在很多的宠物市场中都能看到它们的身影。

昆虫纲 鞘翅目 叶甲科 阿波萤叶甲属

锚阿波萤叶甲

Aplosonyx ancora

【外形识别】体型 - 小型。有着丝状的触角，基部至中部为橙色，端部为黑色。头部为橙红色，复眼则是黑色。有咀嚼式口器。胸部为橙色，并且中央处有明显的黑色斑点。鞘翅密布橙色刻点，并有较淡的纵向隆起条纹。每个鞘翅中部都有一条很宽的黑色大条纹，并于鞘翅内侧边缘向头部延伸，于鞘翅基部变宽，可到达鞘翅近中部。两个鞘翅合拢时，黑色区域从正面观察组合成了一个明显的近倒“T”形。足为橙黄色。

【生活习性】常栖息于较温暖的热带雨林、林缘及人工林等环境中。主要以天南星科海芋属植物为食。被取食完的海芋叶片上会留下一个个圆形的窟窿。

【分布地域】中国安徽、湖北、湖南、江西、广东、广西、福建、四川、重庆、贵州、云南、海南、香港、澳门、台湾等地。

被锚阿波萤叶甲啃食过的海芋叶片

小贴士

海芋上的“艺术家”

我们在南方游玩时，经常会看到高大美丽的海芋。海芋，又名滴水观音，是一种天南星科植物。和其他天南星科植物一样，海芋的体内也有着非常强大的毒素。它演化出这样的毒素主要也是为了防止被动物取食。而在大自然中，总会有例外。锚阿波萤叶甲就是一种主要以海芋为食的昆虫。那么，这种昆虫难道不怕海芋的毒素吗？答案是否定的。锚阿波萤叶甲有着属于自己的“绝技”。在啃食海芋叶片之前，它们会先轻轻地在叶脉之间的叶肉上“画”出一个圆圈，之后再迅速沿着这个圆圈将海芋叶片上传递毒素的组织咬断，大功告成后，稍微等一会儿，就可以放心享用海芋的叶片了。不得不说，锚阿波萤叶甲真的是一种懂得“生存的艺术”的昆虫。

小贴士

并不是所有瓢虫都吃蚜虫

这一由卡尔·冯·林奈命名的物种，由于其形态特征十分显著，故而知名度非常高。也正因如此，很多朋友会想当然地将七星瓢虫的习性推演到整个瓢虫科，这就很值得商榷了。以食性来说，七星瓢虫取食蚜虫，而另外较为常见的异色瓢虫同样有取食蚜虫的行为，这就会给人一种所有瓢虫都取食蚜虫的感觉。然而，整个瓢虫科昆虫的食性还是非常多样化的，例如著名的茄二十八星瓢虫就以多种植物为食。因此，如果我们想要了解一种昆虫的“科”级行为，还是应该对其绝大多数物种都进行资料查阅和观察，这样才能真正准确地了解它们。

昆虫纲 鞘翅目 瓢虫科 瓢虫属

七星瓢虫

Coccinella septempunctata

【外形识别】鞘翅为橙红色，左右各有3个黑点，接合处前方还有1个更大的黑点。鞘翅的基部靠小盾片方向，两侧各有1个小三角形白斑。头部为黑色，额与复眼相连的边缘各有1个淡黄色斑。复眼之间有2个淡黄色小点，小点有时会与上述的淡黄色斑相连。触角则是栗褐色，稍长于额宽，锤节紧密，侧缘平直，末端平截。唇基前缘有1个窄窄的黄条，上唇、口器为黑色，上颚外侧为黄色。前胸背板为黑色，两前角上各有1个形似四边形的淡黄色斑。小盾片为黑色。前胸腹板突窄而下陷，有纵隆线和后基线分支。足为黑色，胫节有2个刺距，爪有基齿。腹面为黑色，但中胸后侧片为白色。第6腹节后缘凸出，表面平整。无近似种。

【生活习性】每年发生多代。以成虫形态过冬，次年4月出蛰。产卵于有蚜虫的植物寄主上。成虫寿命较长。成虫和幼虫捕食蚜虫、叶螨、白粉虱、玉米螟、棉铃虫等的幼虫和卵。取食量与气温和猎物密度有关。

【分布地域】几乎分布于中国各地。

昆虫纲 毛翅目

石蛾（毛翅目）

Trichoptera

【外形识别】体型较小，体色以黄色、黄褐色、灰色、褐色、黑色为主，有少数物种体色较为鲜艳。头部覆盖毛或鳞毛，有 2 只比较发达的复眼及 3 只单眼，但也有部分种类仅有 2 只单眼或没有单眼。触角为丝状。胸部分节明显，足为步行足，上面长着小毛或小刺。有 2 对翅，也有少数物种的翅完全退化。翅上长着毛，称毛翅。腹部通常由 10 个腹节组成，雄虫第 9、10 腹节处生有外生殖器，甚至有些种类的外生殖器会包括第 11 腹节的遗留部分。

【生活习性】分布极为广泛，除南极洲外，在世界其他地方都已发现这类昆虫的身影。食性根据种类不同而有所出入。一般来说，雌虫会在水中或接近水面的植被上产卵。雌虫所产的并不是单粒卵，而是由几粒至几百粒卵所组成的卵块，卵块外会有胶质物或浓密的毛。

【分布地域】中国各地。

小贴士

水下的“建筑师”

石蛾的大多数幼虫会在水中建造各式各样的巢穴，幼虫随时携带巢穴行动。一般来说，石蛾幼虫建造巢穴所用的材料以水底的小石头、枯枝、落叶碎片为主，这样的巢穴不仅可以保护虫体，还具有隐蔽性。但也有一些物种会任意选择材料。笔者曾见过有些日本昆虫爱好者捕捉石蛾幼虫后，把巢穴移除后将其放置在铺满金沙的鱼缸内，过一段时间，这些石蛾幼虫便利用金沙造出了美丽的“黄金屋”。

昆虫纲 鳞翅目 弄蝶科 黑弄蝶属

黑弄蝶

Daimio tethys

【外形识别】翅呈黑色。斑纹及缘毛均为白色。前翅顶角处有3个白色斑点整齐排列，其下另有2个很小的斑点，中域有5个大小不等的白斑曲列。后翅中部有一白色横带斑，外侧有几个黑点。除翅反面基半部具有白色鳞片以及前缘处有一黑色斑点外，全翅正反面斑点相同。

【生活习性】成虫每年4—8月发生。喜欢栖息于水边或湿地及其不远处的植被上。

【分布地域】中国河北、北京、陕西、河南、湖北、浙江、福建等地。

小贴士

安能辨我是蝶蛾

黑弄蝶是一种分布较为广泛的弄蝶科物种。弄蝶对于蝴蝶来讲，形态较为特殊，相比之下可能与蛾类更加相似。大多数弄蝶科昆虫身体较为粗壮，且有很多物种在落下的时候翅会像大多数蛾类一样向身体两侧摊开。但是，弄蝶科昆虫的触角依然为棒状触角，与蛾类的丝状与羽状触角差别很大。黑弄蝶成虫在每年刚刚回暖时便已经出现，以多种植物的花朵为食。

昆虫纲 鳞翅目 弄蝶科 花弄蝶属

花弄蝶

Pyrgus maculatus

【外形识别】体型较小。身体为黑褐色，翅正面呈黑褐色并具有白色小斑点。前翅腹面为淡黑褐色，长着白色的小斑点，顶角有 1 个锈红色的大斑；后翅腹面为褐色，有黄色至橙黄色环纹。足为棕色。

【生活习性】常栖息于植被较多的广阔平原或山区等环境。幼虫主要以绣线菊、草莓、黑莓等蔷薇科植物为食。幼虫喜欢将嫩叶边做成“虫苞”，或在老叶叶面处吐白丝制作半球形的网罩，并躲于其内取食叶肉。每年发生期为 5—11 月，每年可发生 3 代左右。

【分布地域】中国黑龙江、吉林、辽宁、河北、北京、山西、陕西、内蒙古、青海、山东、浙江、河南、江西、湖北、四川、福建、云南等地。

小贴士

高山上的花弄蝶

在北方，花弄蝶经常会在较高海拔地区出现。弄蝶科与蛾类非常相似，因此会有很多人将其看成“在白天出来活动的蛾子”。但实际上，只要我们仔细观察触角，还是可以较为轻松地将其与蛾类区分开的。有趣的是，很多弄蝶科幼虫都会将寄主植物的叶片制作成一个筒状的结构，将自己藏于其中，花弄蝶也是如此。这样一来，不仅节省了大量的觅食时间，还巧妙地躲避了天敌的视线，可谓一举两得！

昆虫纲 鳞翅目 凤蝶科 凤蝶属

柑橘凤蝶

Papilio xuthus

【外形识别】成虫有春型和夏型两种。春型体长 21～24 毫米，翅展 69～75 毫米；夏型体长 27～30 毫米，翅展 91～105 毫米。雌虫略大于雄虫，色彩不如雄虫艳，两型翅上斑纹相似，体色为淡黄绿色至暗黄色，体背中央有黑色纵带，两侧为黄白色。前翅为黑色，近三角形，近外缘有 8 个黄色月牙斑，翅中央从前缘至后缘有 8 个由小渐大的黄斑，中室基半部有 4 条放射状黄色纵纹，端半部有 2 个黄色新月斑。后翅为黑色，近外缘有 6 个新月形黄斑，基部有 8 个黄斑。臀角处有 1 个橙黄色圆斑，斑中心有 1 个黑点，有尾突。

【生活习性】成虫于上午羽化较多，常见于聚水地及花丛中。善飞翔，夜间及雨天时隐蔽于树丛处。羽化后 1～2 天即可交配。幼虫主要取食芸香科植物，如柑橘、黄檗等。

【分布地域】几乎分布于中国各地。

小贴士

芸香科植物上的凤蝶

很多人在孩童时期，都会围着庭院中的柑橘树或花椒树寻找柑橘凤蝶的幼虫，并将其带回家进行饲养，直到羽化放飞。不过，有时会出现一个很有意思的现象：饲养出来的成虫的大小有着明显的区别。排除幼虫期的营养问题，其实很多凤蝶还具有春型和夏型两种。春型凤蝶的体型相对比较小，而夏型凤蝶的体型则比较大。

小贴士

蝴蝶中的高超“飞行师”

燕凤蝶是一种非常小型的凤蝶科昆虫。它们在飞行时振翅频率非常高，并常伴有悬停行为，飞行能力高超让人经常将其误认为双翅目昆虫（双翅目昆虫因具备悬停等飞行技术，是昆虫飞行能力最高的家族）。燕凤蝶主要分布于较为炎热的地区，在酷暑之下，常集群于水源附近吸水。在吸水的过程中，燕凤蝶会不断进行吸水、排水，让自己的身体快速降温。值得一提的是，这种蝴蝶因外形很像中国传统的飞燕风筝，故名燕凤蝶。

昆虫纲 鳞翅目 凤蝶科 燕凤蝶属

燕凤蝶

Lamproptera curia

【外形识别】体型 – 小型。头、胸、腹及触角为黑色。前翅正、腹面相同，中内区有一条灰白色色带，而且色带前半部透明，靠近基部处有一条内斜的灰白色色带，翅脉清晰；后翅外缘微呈波浪状，并具有白色边，直至尾带。正面自前缘中部斜向尾突有 1 条灰白色带，不到尾突处即终止，腹面此条色带与正面相同，但在末尾与一条淡灰色小色带汇合。尾带极长，端部为白色。

【生活习性】常栖息于不同海拔距水源不远且植被丰富的环境中。飞行能力极强，且振翅频率极高。喜欢集群吸水，并在吸水时从腹部末端有节奏地射出水滴。幼虫主要以莲叶桐科的青藤、心叶藤等植物为寄主，并喜欢栖息于叶片的背面。

【分布地域】中国广东、广西、四川、贵州、云南、海南、香港等地。

昆虫纲 鳞翅目 凤蝶科 珠凤蝶属

红珠凤蝶

Pachliopta aristolochiae

【外形识别】体型 - 大型。背部为黑色，头部、胸侧、腹部末端长着浓密的红色短柔毛。前、后翅为黑色，翅脉两侧呈灰白色或棕褐色，后翅中室外侧有 3~5 个白色色斑，外缘呈波状，翅缘有 6~7 个粉红色或黄褐色弯月形色斑，臀缘有 1 条红色斑纹。雌虫外生殖器产卵瓣呈半圆形，长着少量粗刺及长细毛。

【生活习性】常栖息于山区或平原地区，有群集性。成虫飞行缓慢，喜欢在阳光充足的寄主植物上产卵。幼虫不喜活动，多在叶背面或茎蔓上栖息，老熟幼虫常在寄主植物的老叶背面化蛹。寄主植物多为马兜铃科马兜铃属植物。

【分布地域】中国河南、陕西、江西、湖南、浙江、广西、四川、福建、云南、海南、香港、台湾等地。

小贴士

内含毒素的凤蝶

红珠凤蝶是南方较为常见的一种美丽的凤蝶科物种。这种蝴蝶最为人称道的有两个地方，第一个是红珠凤蝶是凤蝶科中少数体内含有毒素的物种，第二个则是其有毒的特性会招引一些原本无毒的蝶类进行拟态。例如，玉带凤蝶的雌蝶便以红珠凤蝶作为拟态对象。这是一种非常典型的单性别贝茨氏拟态。这种神奇的现象也引起了广大生物演化学家和形态学家的关注。

小贴士

需要我们保护的大蝴蝶

金裳凤蝶可以算是中国体型最大的鳞翅目凤蝶科物种之一。金裳凤蝶的幼虫主要取食马兜铃类植物。在夏季，我们经常可以在其栖息地看到翩跹于高空的成虫，场面十分壮观。然而，就算再喜欢这个物种，我们也不能采集它们。因为金裳凤蝶已经被列入《濒危野生动植物种国际贸易公约》CITES 附录Ⅱ、《国家重点保护野生动物名录》二级名录。因此，这种美丽的蝴蝶是国际、国家保护动物，随意采集会受到较为严重的法律制裁。

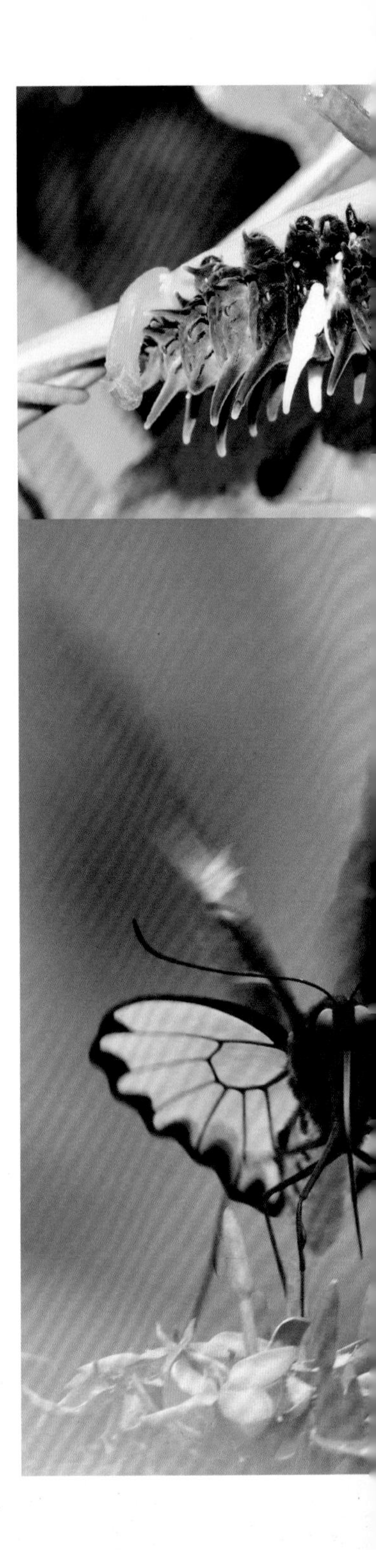

昆虫纲 鳞翅目 凤蝶科 裳凤蝶属

金裳凤蝶

Troides aeacus

【外形识别】体型－大型。前翅以黑色为主。翅脉也是黑色，但翅脉的两侧为银灰色，后翅为金黄色。头、胸基本为黑色，头部及胸部后侧有红色斑带。腹部为金黄色，并且侧面有黑色斑点。

【生活习性】常栖息于较低海拔的开阔地及丘陵地。成虫飞行缓慢，常在天空中以盘旋或周旋的姿势飞行，若受到威胁会快速飞行。南方每年可发生数代。幼虫以马兜铃属植物为食，受到威胁时会伸出带有臭味的“触角”自卫。

【分布地域】中国陕西、江西、浙江、福建、广东、广西、云南、西藏等地。

昆虫纲 鳞翅目 灰蝶科 拓灰蝶属

曲纹拓灰蝶

Caleta roxus

【外形识别】体型 – 小型。头部上部为黑色，下部为白色，触角顶端为橙黄色，其余地方黑白相间。前翅正面前缘及外缘有黑色宽条纹，其余部分为灰白色，腹面为灰白色，黑色条纹与正面相似，但外缘被 1 条白色条纹分割为 2 条黑色条纹；后翅正面外缘有黑色宽条纹，而且能延伸到翅的中域，其余地方为灰白色，腹面黑色条纹与正面相似，但外缘被 1 条白色条纹隔开，靠近外缘的黑色色带变为黑色斑点排成一排。有黑色的尾突，尾突的端部为白色。

【生活习性】常栖息于热带及亚热带地区海拔较低且植被丰富的环境中。飞行能力较弱，喜欢趴伏于植被上休憩。两个尾突常相互摩擦，遇到危险时可做短距离飞行。

【分布地域】中国广东、广西等地。

小贴士

为什么它在不停地扭尾带

曲纹拓灰蝶是一种在中国两广地区较为常见的灰蝶科物种。它们在停落时，后翅的两个尾突经常会相互摩擦或微微地抖动。这是后翅在对昆虫头部进行拟态。两个尾突不断运动也是为了模拟昆虫的触角。有一种说法称，因为很多小型捕食者（如昆虫）在捕食时会率先进攻猎物的头部，所以尽管这种拟态会造成后翅的损伤，但其对于曲纹拓灰蝶的飞行和生活都没有很大的影响，故而其通过这种方式逃脱。

昆虫纲 鳞翅目 灰蝶科 椏灰蝶属

三点椏灰蝶

Yasoda tripunctata

【外形识别】体型－小型。前翅正面顶角区至外缘区为黑色，其余地方均为橙黄色，有些个体的橙黄色区域内散布着黑色小斑点，腹面也是橙黄色，而且具有褐色或黑色小斑点或小斑纹；后翅边缘为黑色或黑褐色，并且翅中域有一条醒目的黑色条纹，有尾带，尾带为黑色并覆盖有银色鳞粉，尖端为白色，腹面与前翅相似，为橙黄色并具有黑褐色小斑点或小斑纹。

【生活习性】常栖息于中低海拔植被丰富的环境中，成虫喜访花，平时喜欢趴伏于植被叶片上。飞行能力较弱，遇到危险可做短距离飞行。

【分布地域】中国广西、云南、海南等地。

小贴士

不喜欢飞行的蝴蝶

三点椏灰蝶是一种分布于热带及亚热带地区的美丽的灰蝶科昆虫。它们平时并不喜欢像其他昆虫那样到处飞舞，更多是寻找一片繁茂的花丛，并长时间在此处“定居”。这种灰蝶的飞行能力不强，我们常常可以看到它们仅在花朵周围做短距离飞行，且大部分时间都是趴伏于植物叶片或周围的岩石等地方。

昆虫纲 鳞翅目 灰蝶科 锉灰蝶属

德锉灰蝶

Allotinus drumila

【外形识别】体型 - 小型。头、胸、腹部为褐色或灰褐色。前翅多呈三角形，正面以灰、褐、黑三色为主。顶角及顶角区域为深色，雄虫主要为褐色，雌虫主要为黑褐色，中室为闭式或开式，R 脉有 3~4 个分支，R4 至 R5 共柄，M1 与 R 脉共柄，A 脉基部有或无分叉。后翅呈卵圆形或近卵形，外缘呈波浪形。正面为褐色，腹面为棕色，并具有深褐色不规则小斑点。

【生活习性】常栖息于较低海拔的森林或平原等环境中。喜欢在阳光较强的天气飞行，飞行速度较快。雄虫喜欢在溪流旁、路面积水处成群吸水。

【分布地域】中国福建、云南、台湾等地。

小贴士

欺骗蚂蚁的蝴蝶

德锉灰蝶是一种习性非常有趣的鳞翅目灰蝶科昆虫。它们的幼虫从卵中孵化后，便会释放一种糖浆以吸引过路的蚂蚁，使之将自己搬回巢穴中。在蚁巢内，幼虫所释放的信息素与蚁巢的信息素几乎一模一样，这使得蚂蚁不能将其分辨出来，以为是自己蚁巢的后代从而对其进行抚养。幼虫甚至在化蛹、羽化时都会一直得到很好的照顾，在羽化结束后，一切准备就绪，便会爬出蚁巢，在植物上做最后的调整，振翅起飞。上面的图片便是这个阶段的德锉灰蝶，可以看到周围仍有蚂蚁在对其进行守护。

昆虫纲 鳞翅目 粉蝶科 粉蝶属

菜粉蝶

Pieris rapae

【外形识别】成虫身体为黑色，胸部密布白色长毛。翅为白色，翅面具有淡黄色的光泽。雌虫前翅前缘和基部为黑色，顶角有1个大三角形黑斑，中室外侧有2个黑色圆斑，前后并列；后翅前缘有1个黑斑。雄性体型较小，前翅背面有2个小黑斑。卵呈瓶状，幼虫初期为灰黄色，后变为青绿色。

【生活习性】每年根据地区发生的代数不同，最多可达一年发生近10代。幼虫以十字花科植物为寄主，在大龄阶段遇到危险会假死。以蛹的形态越冬。成虫交配完毕后，雌蝶会产几十颗到几百颗卵。

【分布地域】几乎分布于中国各地。

小贴士

取食蔬菜的蝴蝶

菜粉蝶应该算是一种知名度非常高的鳞翅目昆虫了。在春、夏、秋三个季节，几乎在任何地方都可以见到它们的成虫飞舞。这种蝴蝶虽然不算美丽，但因其繁殖能力和适应能力强大，应该算是演化非常成功的一个物种。一般来说，菜粉蝶的幼虫主要以十字花科植物为寄主，如大白菜、卷心菜、甘蓝等。正因如此，菜粉蝶被列为有可能会影响农业生产而需要严格监控的物种。

昆虫纲 鳞翅目 粉蝶科 云粉蝶属

云粉蝶

Pontia daplidice

【外形识别】翅底色为白色。翅前、后斑纹相同。前翅的中室横脉处有一块黑色的斑，顶角和后翅外缘具有黑斑并组成花纹状。反面斑纹呈墨绿色，雄虫的后翅斑可从正面透过见到。雌虫前翅后缘处的斑点及后翅外缘处斑纹较大且颜色较深。

【生活习性】主要以十字花科植物如白菜、卷心菜，野生蔊菜等为寄主。每年6—9月均可见其成虫飞舞。

【分布地域】中国黑龙江、吉林、辽宁、河北、北京、山西、陕西、宁夏、甘肃、新疆、河南、山东、浙江、江西、广西、广东、西藏等地。

小贴士

身边的白蝴蝶不一定是菜粉蝶

云粉蝶与菜粉蝶一样，是一种非常常见的粉蝶科物种。由于其体色也以白色为主，体型大小与菜粉蝶相似，且云粉蝶的幼虫也和菜粉蝶幼虫一样，主要以十字花科植物为寄主，故而很多人将其误认为菜粉蝶。然而，云粉蝶与菜粉蝶的亲缘关系相对较远，在昆虫分类上，二者归于不同的“属”级阶元，我们通过翅的反面图案也可以轻松将其区分开来。云粉蝶的“云”，其实就是指翅反面的云纹状暗绿色图案。因此，以后我们再见到一只白蝴蝶在飞舞时，不妨先仔细观察一番。也许，你还能发现更多有趣的物种呢！

昆虫纲 鳞翅目 粉蝶科 斑粉蝶属

报喜斑粉蝶

Delias pasithoe

【外形识别】体型－中型。成虫前翅正面为黑色，翅室有界限模糊的白色长卵形斑；后翅正面翅基为红色，中域为白色，被黑色翅脉分割；外缘为黑色，散布有白点。臀区为黄色。

【生活习性】常栖息于较为温暖且植被丰富的地区。主要寄主为大风子科的红花天料木、檀香科檀香属的植物等。幼虫食量较大，且经常集群觅食。它们对于寄主的威胁非常大，经常可以将寄主的叶片全部吃光。即将化蛹的时候，幼虫会分散到寄主周围的杂草等环境中。在经历一段蛹期后，多于早晨或上午羽化。

【分布地域】中国南方地区。

小贴士

华丽的粉蝶

一提到粉蝶科昆虫，大部分人都会想到菜粉蝶或豆粉蝶这一类昆虫。因此，“体色单一”“颜值较低”等标签，经常贴在粉蝶科的成员身上。然而，粉蝶科中其实也有很多颜色非常鲜艳的种类。以中国分布的粉蝶科为例，其中斑粉蝶属成员几乎均为中大型体色鲜艳的物种。其中，报喜斑粉蝶因为最为常见，成了斑粉蝶属的代表。第一次看见报喜斑粉蝶的人，很难将它们与我们常见的菜粉蝶等相联系，更想不到它们实际的关系是非常“亲近”的。只不过，报喜斑粉蝶也和其他粉蝶科成员一样身体比较纤弱。因此，我们看到翩翩起舞的报喜斑粉蝶时，切记不能捕捉，否则很容易造成报喜斑粉蝶的死亡。

昆虫纲 鳞翅目 蛱蝶科 矍眼蝶属

矍眼蝶

Ypthima balda

【外形识别】体型较小。身体为褐色。前翅端部下方具有黑色眼斑，中心为双黄圈，眼斑周围颜色较淡，反面与正面相似；后翅后缘区与亚端区颜色较淡，有2个黑色眼斑，中心为蓝色，反面有6个眼斑，每2个相互靠近。臀角的2个眼斑最大。

【生活习性】常栖息于较低海拔的广阔地域。幼虫以禾本科竹类等为食。成虫喜欢趴伏于植被中。飞行较为迅速，且飞行路线不规则。

【分布地域】中国黑龙江、山西、青海、甘肃、河南、浙江、湖北、广西、广东、福建、云南、海南、西藏、台湾等地。

小贴士

眼斑的作用

矍眼蝶以及近缘种（矍眼蝶属）较为常见。但它们十分机警，很难接近。这些美丽的蝴蝶遇到危险时，首先会进行短距离快速飞行以避开危险。当我们跟着它行进一段距离后，也就是让矍眼蝶起飞、降落几次后，它们则有可能会将翅合拢并以翅面对着我们。其翅上的眼斑在动物世界中是一个非常典型的恐吓图案，往往可以吓退一些小型的捕食者。而矍眼蝶这样的昆虫，其最主要的天敌并不是鸟类，而是捕食性昆虫或其他无脊椎动物。这也是很多昆虫都带有眼斑的原因。

昆虫纲 鳞翅目 蛱蝶科 暮眼蝶属

暮眼蝶

Melanitis leda

【外形识别】翅较狭长，正面前翅上黑色眼斑的白瞳较为接近黑斑中心。不同季节有着不同的形态，主要分为有眼斑的有眼型和没有眼斑的无眼型。有眼型反面呈淡褐色，遍布波状鳞纹、中带模糊或退化。无眼型的反面底色斑驳不均匀，通常有黑色的斑块杂于其中，中带通常较宽且呈深褐色。

【生活习性】常栖息于林区、居民区，在黄昏及夜间活动于植被周围。

【分布地域】中国上海、浙江、江苏、江西、广西、广东、四川、重庆、云南等地。

小贴士

“鬼蝴蝶”

暮眼蝶喜欢于太阳下山后开始活动，因此这个家族被称为“暮眼蝶属”。实际上，暮眼蝶的这种行为可以有效地躲避天敌，加上它们飞行较为迅速，且总为跳跃式飞行，这样想攻击它们的动物很难将其锁定。不仅如此，暮眼蝶的体色较为暗淡，这使得它们可以很好地融入周围的环境。暮眼蝶因其活动时间和独特的习性，在很多地区都被称为“鬼蝴蝶”。

昆虫纲 鳞翅目 蛱蝶科 斑蝶属

金斑蝶

Danaus chrysippus

【外形识别】体型－中至大型。成虫翅底色以橙黄色为主。前翅前缘、侧缘及顶角为黑褐色，亚端部的 4 个大白斑横向排列成一排，侧缘部分则有着大小不一的白斑。后翅侧缘黑色同样有着白色斑点，其中室端部有 3 个黑褐色色斑。翅反面与正面的颜色及斑纹相似，仅前翅顶角区域腹面为黄色或橙黄色。老熟的幼虫为白色并具有黑色环纹及黄斑。蛹为淡绿色，前端有数个金色斑点，腹部背面中央长着 1 条黑色横纹。

【生活习性】常栖息于较为温暖且植被丰富的环境中。幼虫主要以萝藦科马利筋、牛角瓜等为食。白天活动。成虫主要以花蜜为食，虽然对于萝藦科植物的花卉更加喜爱，但也会到访所处环境内的大部分植物的花朵。繁殖期时，雄虫会巡飞搜索雌虫，遇到可以进行交配的雌虫后，雌雄虫会在空中双双飞舞。

【分布地域】中国陕西、江西、湖北、广东、广西、福建、四川、贵州、云南、海南、台湾等地。

小贴士

高调的“毒巫”

金斑蝶是蛱蝶科斑蝶亚科（即老分类系统中的斑蝶科）的代表类群。除了卵期以外，这个家族的绝大多数成员由于取食有毒植物，身体中也蕴含着毒素。和大多数蝶类的幼虫及蛹不同，它们似乎从来不怕被其他生物看到，反而将自己装饰得异常漂亮。这种体色在生物学中被称为警戒色。另外，大部分斑蝶的蛹除了颜色鲜艳外，还具有非常强烈的金属光泽。值得一提的是，金斑蝶与大名鼎鼎的“迁徙名蝶”——君主斑蝶关系非常近，都是斑蝶属的成员。

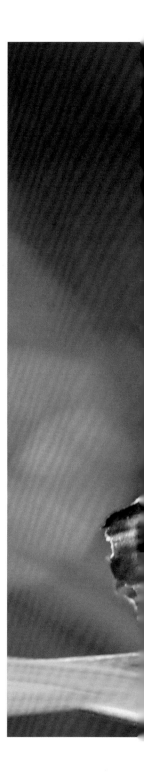

昆虫纲 鳞翅目 蛱蝶科 丽蛱蝶属

丽蛱蝶

Parthenos syvia

【外形识别】体型－中至大型。翅面为橄榄绿色至蓝色，并具有黑色边框，靠近黑色边框旁为黑色三角形色块，内有大小、形状不同的白色斑块。翅中部则长着黑色宽条纹。

【生活习性】喜栖息于亚热带至热带的低海拔平原地区，或扩散至雨林周边。飞行能力强，速度较快，喜欢访马缨丹属植物的花。幼虫取食防己科青牛胆属植物。

【分布地域】中国贵州、云南等地。

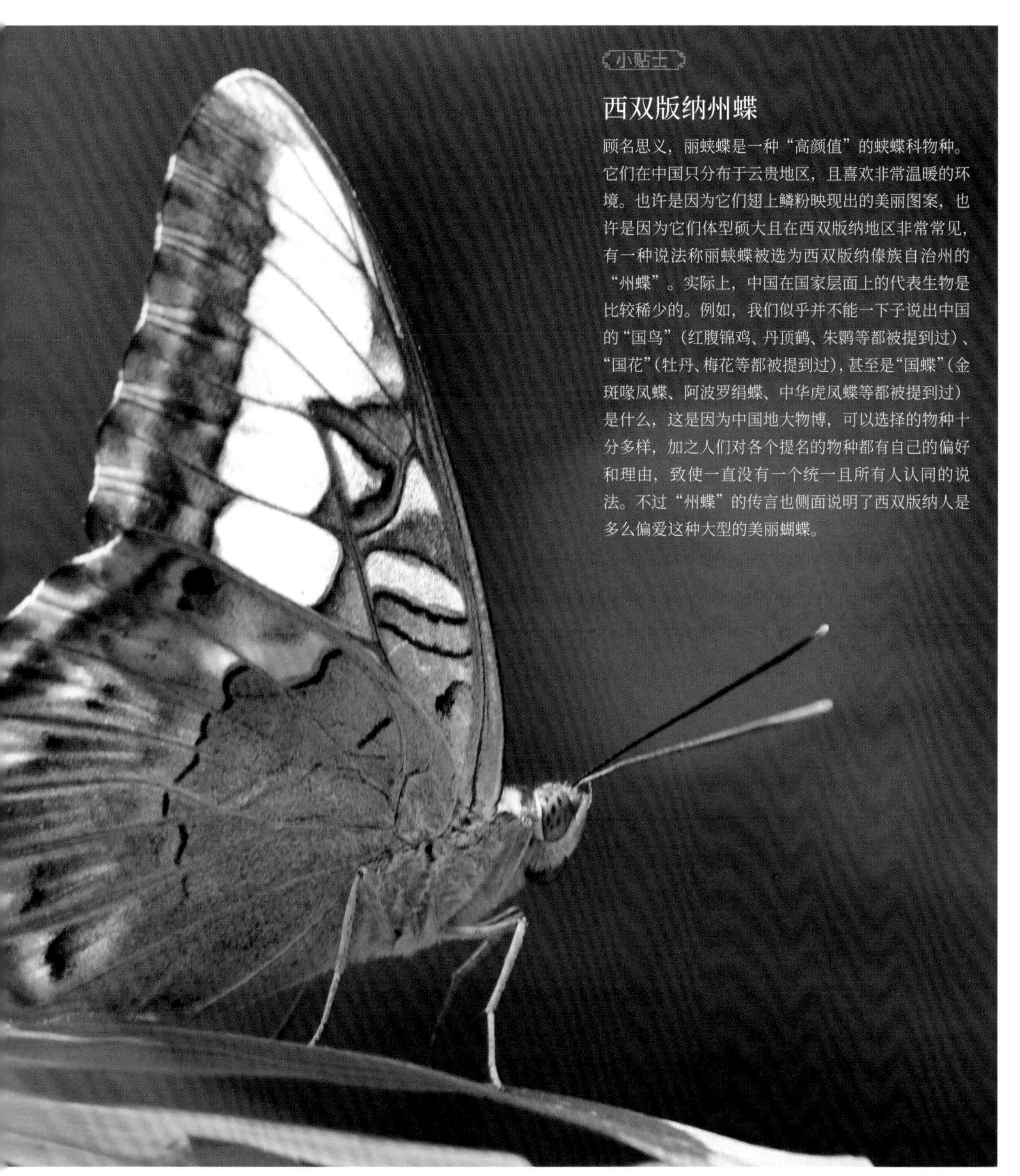

小贴士

西双版纳州蝶

顾名思义，丽蛱蝶是一种“高颜值”的蛱蝶科物种。它们在中国只分布于云贵地区，且喜欢非常温暖的环境。也许是因为它们翅上鳞粉映现出的美丽图案，也许是因为它们体型硕大且在西双版纳地区非常常见，有一种说法称丽蛱蝶被选为西双版纳傣族自治州的“州蝶”。实际上，中国在国家层面上的代表生物是比较稀少的。例如，我们似乎并不能一下子说出中国的“国鸟”（红腹锦鸡、丹顶鹤、朱鹮等都被提到过）、“国花”（牡丹、梅花等都被提到过），甚至是“国蝶”（金斑喙凤蝶、阿波罗绢蝶、中华虎凤蝶等都被提到过）是什么，这是因为中国地大物博，可以选择的物种十分多样，加之人们对各个提名的物种都有自己的偏好和理由，致使一直没有一个统一且所有人认同的说法。不过“州蝶”的传言也侧面说明了西双版纳人是多么偏爱这种大型的美丽蝴蝶。

昆虫纲 鳞翅目 蛱蝶科 窗蛱蝶属

明窗蛱蝶

Dilipa fenestra

【外形识别】头部为棕黄色至褐色，触角先端为淡黄色。身体多毛，呈棕黑色。翅为金黄色，外缘为黑褐色。雄虫前翅顶角具有 2 个银白色透明圆斑，雌虫有 3 个银白色透明圆斑。中室中部、端部及下方各有 1 个黑斑。翅后面为土黄色至褐色，后翅背面有 1 条贯穿的棕色宽条纹，且中间有分叉条纹。

【生活习性】每年 4 月发生，是一种春季发生的蛱蝶。飞行较迅速，喜欢在岩石等地晒太阳，进行短时间休息，休息时喜欢将翅展开。

【分布地域】分布于中国辽宁、河北、北京、山西、陕西、河南、浙江、湖北等地。

小贴士

早春飞舞的蝴蝶

明窗蛱蝶是一种主要分布于中国北方的蛱蝶科物种。与很多蛱蝶不同，每年春季是明窗蛱蝶成虫的活动期，这无疑给北方的春季带来了一抹亮色。为了抵御北方冬季的寒冷，明窗蛱蝶的身体覆盖着较长且较厚实的绒毛，但这些“负担”丝毫不影响它们飞行的速度。此外，明窗蛱蝶也是蛱蝶科中少数直接观察成虫形态便可以区分雌雄的物种。只要我们仔细观察它们的前翅，便不难发现它们前翅顶角区域有白色透明的圆斑：有 2 个透明圆斑的就是雄虫，有 3 个的则是雌虫。

昆虫纲 鳞翅目 蛱蝶科 彩蛱蝶属

彩蛱蝶

Vagrans egista

【外形识别】体型－中型。身体为黑褐色，并长着柔毛，侧面则是灰色。前翅正面主要为橙黄色，顶角及外缘为黑色，反面色彩斑斓，前缘区主要为褐色，并具有银白色斑块，外缘区有橙黄色或银白色心形色斑，后缘区主要为浅橙黄色，与前缘区的边界为波浪形。后翅具有小的尾状突起，正面主要为橙黄色，外缘及底角主要为黑褐色，反面色彩斑斓，主要以浅褐色为底色，并具有黄绿色的色斑。

【生活习性】常栖息于热带植被丰富的环境中。性机警，很难靠近，喜欢趴伏于浅水滩地吸水。幼虫主要以大风子科植物和天料木科植物为寄主。

【分布地域】中国湖南、广西、四川、云南等地。

小贴士

最机敏的蝴蝶之一

彩蛱蝶的清晰影像资料相对较少，其原因是它们十分敏感且胆小，非常难以靠近。有时，即使你离它们有一段距离，只要稍微向它们的方向动一动，这种机敏的小生物也会飞走。因此，如果想要拍到一张清晰的彩蛱蝶照片，需要“守株待兔”，成功率才能达到最高。首先，你需要观察彩蛱蝶大概的活动范围，尤其是停落点。这种昆虫并不会长时间飞行，它们往往更喜欢在几处地方来回短距离快速飞舞。而你移动到一处它经常停落的区域后，就要伏下身子，等待它落到你的拍摄范围内。相比于其他蝴蝶，拍到彩蛱蝶的清晰照片无疑能给人更多的成就感。

昆虫纲 鳞翅目 锚纹蛾科

锚纹蛾（锚纹蛾科）

Callidulidae

【外形识别】体型－小至中型。有丝状触角，但触角端部微微膨大。有着虹吸式口器。翅则是暗褐色并具有一条十分宽阔醒目的橙色条带，一般呈锚纹形，翅的亚前缘区还有黑色的斑点，斑点内为银白色。后翅反面中部有一个较醒目的银白色斑点。六足均较为发达，腹部为深褐色或黄褐色。

【生活习性】幼虫取食蕨类植物，如三叉蕨等。成虫于白天活动，较善于飞行。常栖息于不甚明亮且植被丰富的森林、林缘等环境中。

【分布地域】中国湖北、湖南、四川、重庆、贵州、西藏、台湾等地。

小贴士

最像蝴蝶的蛾子之一

锚纹蛾科应该算是与蝶类最相似的蛾类家族了。它们虽然有丝状触角，但也有着和蝴蝶类似的微微膨大的端部；加之其在白天活动，休息时也会将四翅竖起于腹部背方，和大多数蛾类四翅向两侧摊开完全不同。很多昆虫爱好者偶然遇见锚纹蛾时，都会将其误认为一只暗色调的小蝴蝶。有时，夜间的灯光也会吸引锚纹蛾科的部分种类，但这很有可能并不是因为锚纹蛾具有趋光性，而是光源在休息的锚纹蛾附近，使得锚纹蛾接收到了光信号，以为白天到来，故而开始活动。

昆虫纲 鳞翅目 天蚕蛾科 尾天蚕蛾属

长尾天蚕蛾

Actias dubernardi

【外形识别】 体型 - 大型。有着羽状的黄褐色触角，前翅前缘为紫红色，色带的前端相比后端的颜色较浅。前翅中室具有眼状斑，后翅尾突非常长且于尾突末端翻卷。雄虫身体为橘红色，翅为金黄色至杏黄色，外缘有一条很宽的粉红色色带。雌虫身体为青白色，翅为淡绿色或青绿色，其余斑纹与雄虫一致。

【生活习性】 常栖息于中低海拔地区的森林、林缘、农田等环境中。每年发生两代，第一代成虫于每年 4 月左右开始活动，第二代成虫于每年 7 月左右活动。幼虫主要取食核桃、苹果、梨、桦树及多种杨柳科植物。幼虫会在枝条上化蛹，并做茧，且一般以蛹的形态越冬。

【分布地域】 中国河北、北京、山西、陕西、宁夏、甘肃、山东、浙江、江苏、江西、上海、安徽、湖北、湖南、广东、广西、福建、四川、重庆、贵州、云南、海南、香港、澳门、台湾等地。

小贴士

雌雄蛾不一定触角不同

长尾天蚕蛾是“性二型”的典型特征，即雌、雄虫存在着很大的形态差异。很多人认为蛾类的雌雄单凭触角就可以分辨：雄虫的触角大多为羽状触角，雌虫的触角则为丝状触角。的确，这种方法可以分辨很多蛾类的性别，但是也有一些类群例外。如以长尾天蚕蛾为代表的天蚕蛾科昆虫，其雌、雄虫的触角均为羽状触角。其实，如果你关注家里饲养的蚕蛾科昆虫——桑蚕，也会发现它们的成虫的触角是一样的。所以，利用触角来分辨蛾类性别并不能一概而论。

小贴士

体型最大的蛾子

乌桕巨天蚕蛾应该算是中国栖息的蛾类中，名气最大的物种之一了。它们是中国所有蛾类中体型最大的物种，曾有记录其最大个体翅展可以达到220毫米，是昆虫家族中当之无愧的“巨人”，它们也因此被称为“皇蛾”。乌桕巨天蚕蛾甚至在很多地区被当作图腾，它们与冬青巨天蚕蛾因翅前具有蛇头般的纹路，加之巨大的体型和暗夜活动的特点，被很多民族尊为“夜神”。乌桕巨天蚕蛾也因对于生态、文化都有着十分重要的意义，故而目前被列入《国家保护的有益的或者有重要经济、科学研究价值的陆生野生动物名录》（即“三有名录”）。

昆虫纲 鳞翅目 天蚕蛾科 巨天蚕蛾属

乌桕巨天蚕蛾

Attacus atlas

【外形识别】体型－大型。身体为赤褐色。前翅顶角显著突出，呈粉红色，近前缘处有一个较小的半月形黑斑。前、后翅都有白色的内线和外线。内线内侧和外线有紫红色边缘及棕褐色条纹。中室端部有较大的三角形透明或半透明斑。后翅内侧呈棕黑色，外缘为黄褐色并有黑色波纹端线，内侧则长着黄褐色的斑点。

【生活习性】常栖息于中低海拔地区的阔叶林、林缘等环境中。每年可发生1～2代。每年以蛹（茧）的形态越冬。每年交配期过后，雌虫会将卵产于树叶的背面或阴暗处。卵期约2周。幼虫以乌桕、樟树、大叶合欢、甘薯、冬青等植物为寄主。

【分布地域】中国浙江、江西、湖南、广东、广西、福建、云南、海南、台湾等地。

昆虫纲 鳞翅目 天蚕蛾科 目天蚕蛾属

藏目天蚕蛾

Caligula thibeta

【外形识别】体型 - 中到大型。体表长着浓密的毛。翅为黄色或橙黄色，每个翅上均有一个眼斑。前翅前缘呈银色，眼斑中间有黑色的非直线裂缝状斑纹；后翅眼斑中间为黑色圆斑，周围包围着红褐色斑纹。翅上纹路均呈波浪状。

【生活习性】常栖息于中低海拔的山区森林及林缘等环境中。成虫具有趋光性。晚上活动，白天于植被上休息。每年发生一代，每年 9—11 月发生。

【分布地域】中国辽宁、河北、北京、重庆、西藏等地。

小贴士

秋季才能看到的天蚕蛾

藏目天蚕蛾是一种非常美丽且体型较大的天蚕蛾科昆虫。这种昆虫的成虫每年活动时间较晚，要在 9—11 月才进入真正的发生期。也因此，在了解这个行为之前，很多想观察这种蛾类的昆虫爱好者几乎都难以将其成功寻觅。这是因为，很多人都认为昆虫应该是夏季才出现的生物，这就造成了对于春季、秋季乃至冬季活动的昆虫很少能够发现、研究的现象。因此，我们如果想要去了解、寻找一种昆虫，应该先查阅关于它们的资料，这样才能保证高效且稳定地去与之“邂逅”。

昆虫纲 鳞翅目 舟蛾科 蕊舟蛾属

黑蕊舟蛾

Dudusa sphingiformis

【外形识别】体型－中型。头部为黑褐色，翅基片与前、中胸背板呈灰黄褐色并有 2 条褐色线纹，前胸中央有 2 个黑色斑点。腹部的背面、臀毛簇为黑褐色。前翅为灰黄褐色，基部有 1 个黑色小斑点，前缘则有 5～6 个暗褐色斑点。自翅顶至后缘近基部呈暗褐色，中央的暗褐色斜带不清晰。后翅为暗褐色，前缘基部和臀角呈灰褐色。雄虫生殖器呈爪形，基部不甚膨大。雌虫生殖器肛瓣圆且较大。

【生活习性】每年发生 1 代。幼虫主要以槭属植物等为寄主。成虫具有夜行性和较强的趋光性。当遇到危险或吸引异性时，会将腹部向背部方向不断翘起、放下，并将外生殖器打开。

【分布地域】中国河北、北京、陕西、河南、山东、浙江、江苏、湖北、湖南、广西、福建、四川、重庆、贵州、云南等地。

小贴士

喜欢做“仰卧起坐”的蛾子

黑蕊舟蛾是一种非常有趣的物种。在夜晚的灯光下，它们一般会静静地趴在一个地方一动不动。然而一旦我们稍微触碰到它，或者还没有触碰，它感受到危险时，它就会快速地晃动腹部，并发出“嘶嘶”的声音。这个行为可能是在向空气中释放信息素吸引伴侣，同时也是一种恐吓敌人的自卫手段。

昆虫纲 鳞翅目 尺蛾科 豹尺蛾属

豹尺蛾

Dysphania militaris

【外形识别】体型－中型。触角为双栉形。身体呈艳黄色，前胸具有1个黑色斑点。前翅端部为蓝黑色，并有着半透明白色近圆斑，基部为艳黄色；后翅为艳黄色，上面点缀着零散的蓝黑色斑点，端部则有2条不规则蓝黑色条纹。

【生活习性】幼虫以竹节树等植物为寄主。成虫于白天活动，飞行能力较强，行动迅速敏捷，并喜欢停歇于水边饮水。

【分布地域】中国广东、广西、福建、云南、海南等地。

小贴士

蛾子也有在白天活动的

一般来说，蝶类与蛾类的区别中，有一条便是大部分蝶类是白天活动，而蛾类则是夜间活动。但是，少数蛾类在白天也会活动。豹尺蛾便是其中的代表之一。也许正是因为其具有昼行性，更容易被发现，豹尺蛾是最早被科学命名的蛾类之一。

昆虫纲 鳞翅目 燕蛾科 大燕蛾属

大燕蛾

Lyssa zampa

【外形识别】体型 - 大型。整体为浅灰褐色至深灰色。触角呈丝状，无翅缰。前翅为赭石色至黑褐色，中带呈白色，可直接从前缘到达后缘中部稍外侧。前翅前缘具有黑白交替的纵向小条纹。后翅较前翅色稍浅，同样具有一条明显的白色或污白色中带。有多个尾突。腹部具有听器。

【生活习性】常栖息于海拔 2000 米以下的热带及亚热带丛林或林缘等环境中。飞行速度较快，并喜欢于较高的树枝上停落。幼虫主要以大戟科黄桐属植物为食。在夜晚具有趋光性。

【分布地域】中国湖南、广东、广西、福建、重庆、贵州、云南、海南等地。

小贴士

“颜值”堪比凤蝶的蛾子

可能很多人都认为在鳞翅目昆虫中，蝶类的“颜值”远胜于蛾类。然而，如果你经常前往野外，则一定会完全不认同上述说法。实际上，有很多蛾类翅的颜色以及整体形态丝毫不输给蝶类。例如，在中国的华南和西南地区的夏日夜晚，我们经常可以在灯光下看到一种华丽的蛾子，这便是大燕蛾。它们虽然体色暗淡，但褐色、黑色与白色的搭配相得益彰。除此以外，其后翅的尾突也和凤蝶科昆虫一样，十分华美。这种大型的蛾类有一个单独的家族，称为燕蛾科。而很多大型的燕蛾除了有如大燕蛾一样的多个尾突，还有十分华丽的色彩，如著名的太阳神燕蛾、月神燕蛾等。

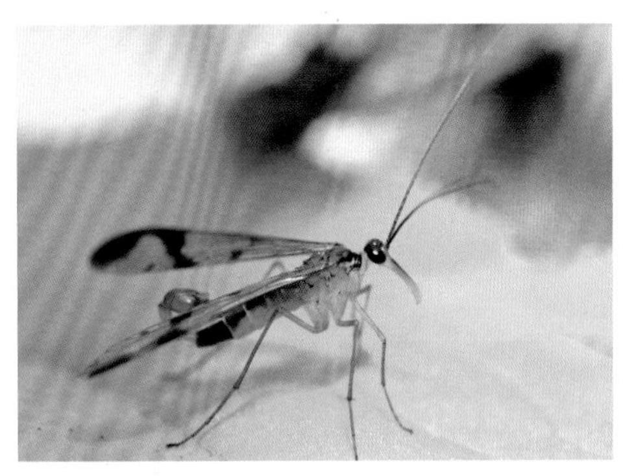

道虎沟生物群中的蝎蛉

昆虫纲 长翅目

蝎蛉（长翅目）

Mecoptera

【外形识别】大多数蝎蛉头部向腹面极度延长，形成一个长长的喙状咀嚼式口器。它们的复眼较为发达，而且通常具有3只单眼。触角为丝状。前胸较小，中、后胸较为发达。大多数种类具有形状、大小较为相似的2对透明膜质翅，但有不少种类的翅上会有各类斑点或斑纹。腹部由11个腹节构成，腹部末端长着尾须。一般来说，雄虫第9腹节末端会形成一个双叉状的突起，并具有1对球状的抱握器，用以辅助交配。雄性蝎蛉科成虫的外生殖器膨大，且腹部末端会往背部方向弯曲，类似于蝎子的尾部。

【生活习性】常见于北半球。常栖息在湿度较高且植被茂密的温带森林中，就算是生活在热带的种类，也会选择一些较为凉爽的环境。杂食性，一般会捕食一些小型昆虫及其他无脊椎动物，也会取食花蜜、水果汁液及花粉等植物食料。飞行能力较弱，飞行速度较慢，通常在栖息环境中仅会于低矮的植被间进行短距离的飞行，且大多数时间更喜欢停落于植被上。

【分布地域】几乎分布于中国各地。

小贴士

昆虫中的“远古来客”

根据对化石与昆虫系统发育的研究，目前认为长翅目昆虫是所有完全变态类昆虫中最古老的类群之一。虽然现生的长翅目昆虫并不算多，但我们通过化石可以推测它们曾经在地球上极为繁盛。目前已发现的最古老的长翅目昆虫化石存在于距今约 2.5 亿年的二叠纪晚期，但那时的蝎蛉极有可能和现在的蝎蛉存在一定差别。

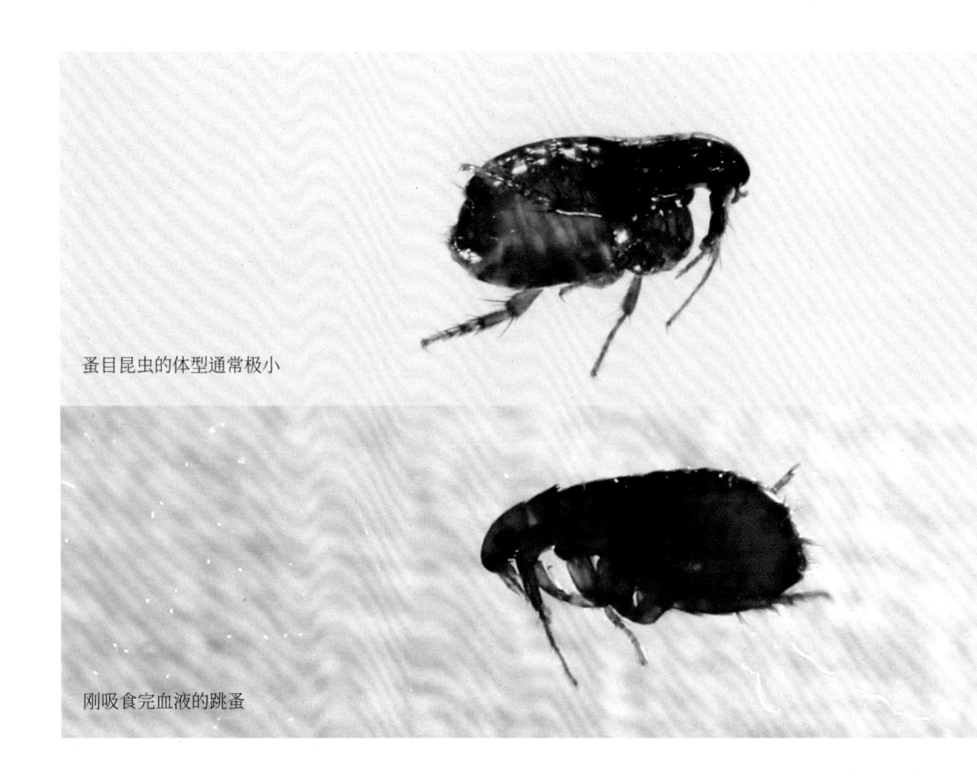

蚤目昆虫的体型通常极小

刚吸食完血液的跳蚤

小贴士

令人厌烦的跳蚤

被跳蚤叮咬后，不仅会感到瘙痒、烦躁，还可能会感染鼠疫、鼠源性斑疹伤寒等烈性极高的疾病。因此，当身体上，特别是腰部、腹部及小腿等区域出现水肿性红斑、丘疹，并呈线状或成群分布，并伴有奇痒的感觉时，我们便要加以注意。如果上述症状是在接触过如野猫、野狗或居住在有鼠类的地方后产生的，则更需要观察，甚至就医。

昆虫纲 蚤目

跳蚤（蚤目）

Siphonaptera

【外形识别】体型极小，一般仅有1~3毫米。体色较为单一，一般以黄褐色、棕褐色为主。头部呈枣核形，触角极短但较为粗壮，并具有许多感觉器官。成虫口器为刺吸式，幼虫口器为咀嚼式。无翅。腹部由10个腹节构成。雄虫的生殖节由其第8、9腹节共同组成，雌虫的受精囊位于第7背板与第8背板之下，且有少数种类的雌虫具有2个受精囊，一般这样的种类均较为原始。

【生活习性】成虫以宿主的血液为食。但是不同的蚤类取食方式有所差别。大部分的蚤目昆虫仅短时间停留于宿主身体上，进行吸血。取食结束后，便会离开宿主，或依靠宿主的活动而转移到同种及其他宿主身上。这一类型的蚤类被称为游离型蚤目昆虫。还有一些跳蚤的雄虫与游离型蚤目昆虫习性相似，但前者的雌虫会利用口器较长时间地固定在宿主的皮下进行持续的吸血，取食时间大致为1~2周。这一类型的蚤类被称为半固定型蚤目昆虫。雌虫一般会将卵产于宿主的巢穴或经常休息的地方，幼虫孵化后便可以取食一些有机的碎屑及成虫排出的血便。经过研究发现，虽然蚤目昆虫的幼虫能自由生活，但必须取食成虫排出的血便才可以正常生长。

【分布地域】中国各地。

昆虫纲 双翅目 虻科

牛虻（虻科）

Tabanidae

【外形识别】成虫身体较为粗壮。头部呈半球形，且通常比胸部宽。雄虫复眼相连接，雌虫复眼分离。它们的复眼具有非常绚丽的光芒。触角为3节，口器为切舐式。中胸发达，翅多透明，有些种类翅上有斑纹。

【生活习性】牛虻是虻科昆虫的俗称，因其经常于牛等家畜身边飞行以准备吸血而得名。在森林等环境中，部分牛虻还具有吸食人血的行为。然而，并不是所有的牛虻都吸血。一般来说，雄牛虻仅仅会吸食植物汁液，而雌牛虻会吸食动物血液和植物汁液。

【分布地域】中国各地。

小贴士

令“分类学之父”都无奈的昆虫

牛虻是一种几乎令每一位于植被茂密或水源充足的地方进行考察的工作人员都比较苦恼的昆虫。它们会集群在你的周围飞行，并趁你不注意停落于你的身体上，主要是胳膊和腿上，并用锋利的切舐式口器猛地扎入你的皮肤中。而且就算你用衣服遮盖，也丝毫抵挡不住它们锋利的口器。传说有一种牛虻曾经叮咬了“现代生物分类学之父”——卡尔·冯·林奈先生，并引发了过敏，给林奈先生造成了巨大的痛苦。而在被叮咬后，林奈先生将其捕捉了起来。在医院养病期间，林奈先生观察了这种牛虻，并确定这是自己没有命名过的物种。有趣的是，林奈先生将这种牛虻以一个自己非常讨厌的人的名字来命名，以说明其曾经给自己带来的伤痛。

小贴士

“外星来客”

突眼蝇科昆虫常被称为“外星来的生物”，主要是因为它们形态十分奇特，而且有着长长的眼柄。有趣的是，突眼蝇科昆虫在刚刚羽化的时候，其眼柄并不是那么长，而随着体液慢慢充满，眼柄才越来越长。另外，突眼蝇科昆虫在争夺配偶时，会进行“比武招亲”，但这并不是真的“拳脚相向”，而是比谁的眼柄长。拥有更长眼柄的最终可以“抱得美人归”。

昆虫纲 双翅目 突眼蝇科

突眼蝇

Diopsidae

【外形识别】体型 - 小型。身体呈黑褐色或红褐色。头部两侧突出并伸出成长柄，复眼位于长柄的顶端，触角则位于长柄的内侧前缘之上。中胸背板具有 2～3 对发达的刺突。翅大多具有褐色斑。腹部细长且端部较膨大。

【生活习性】常栖息于较为温暖的雨林、森林及林缘等环境中。常集群于光线较暗的植被上。不善于长距离飞行，一般仅于近距离的植被叶片上来回飞舞。

【分布地域】中国贵州、云南等地。

昆虫纲 双翅目 蛾蠓科

蛾蠓

Psychodidae

【外形识别】体型-小型。全身密布毛或鳞毛。成虫头部小且略扁，复眼远离头部，无单眼。触角较长，几乎与头胸的总长度一致，甚至更长，而且轮生长毛。胸部粗大且背面微微隆起，小盾片为圆形。足较短或细长，胫节无端距。翅呈梭形，翅脉多为纵脉而且较为明显，翅缘上常密生细毛，少数长着鳞片。雄虫外生殖器发达，雌虫产卵器较突出。

【生活习性】常栖息于含有腐败有机质的浅水水域，如化粪池、下水道、厕所、浴室洗脸池、厨房水槽等环境中。幼虫主要为腐食性或粪食性昆虫。生活史较短，一般卵期为2天，幼虫期为15天左右，蛹约3~4天便可羽化。喜集群，不喜飞行，常常伏于栖息地的周围。

【分布地域】几乎分布于中国各地。

小贴士

公共卫生间中经常发现的“蛾子”

我们去公共卫生间或临近下水道处时，常常会感觉周围趴着如同小蛾子般的昆虫，这便是蛾蠓。它们相比于苍蝇、蚊子，似乎不为人们熟知。一般来说，蛾蠓并不会对人类生活造成太多的影响，但如果居家不注意卫生，如长期不打扫卫生间、厨房等地方，便有可能造成蛾蠓大量繁殖，从而有可能传播大肠杆菌等有害细菌。

昆虫纲 双翅目 食蚜蝇科 宽盾食蚜蝇属

羽芒宽盾食蚜蝇

Phytomia zonata

【外形识别】体型 – 小至中型。身体粗壮，覆盖黄色粉质物及体毛。头部为黑色。复眼为棕褐色，触角为棕黑色，鞭节为红棕色。胸部为黑色，密被金黄色长毛。中胸背板覆粉被；小盾牌后缘具有金黄色或橘黄色长毛；侧板覆灰棕色粉被及金黄色体毛。足为黑色。

【生活习性】成虫常在花卉上吸食花蜜，并有领地意识。飞行时声音较大。

【分布地域】几乎分布于中国各地。

小贴士

聪明又美丽的食蚜蝇

由于很多蜂类攻击能力较强，故而也会有很多“滥竽充数”者对其进行形态上的模仿。模仿蜜蜂的昆虫类群中，最为著名的当属食蚜蝇。但如果我们仔细观察，会发现食蚜蝇的复眼是合并在一起的，而蜜蜂则是分开的；食蚜蝇的口器与家蝇一样为舐吸式口器，而蜜蜂的口器则是特有的嚼吸式口器；还有一点最为重要，蜜蜂与其他昆虫一样是 4 个翅，而食蚜蝇隶属于双翅目昆虫，它们的后翅特化为了平衡棒，故而从外观上来看仅有 2 个翅。同时，羽芒宽盾食蚜蝇是一种“颜值”非常高的食蚜蝇科昆虫，它们以深棕色为主，在中国几乎没有与其相似的种类，易于识别。

昆虫纲 双翅目 毛蚊科 毛蚊属

红腹毛蚊

Bibio rufiventris

【外形识别】体型 - 小型。雌雄异形异色。雄虫的身体为黑色，复眼较大，体长比雌虫短一些，全身密布柔毛。雌虫的体型则稍大，头部为黑色，胸部及腹部为橙红色或红色，足则是黑色。

【生活习性】常栖息于离水系较近的地区。通常于春季发生，且经常集群。羽化后迅速进行交配、产卵等。通常于地面交配。

【分布地域】中国黑龙江、内蒙古、河北、北京、陕西、福建等地。

小贴士

不是所有蚊子都咬人

我们经常会被蚊子吸血和骚扰，尤其在炎热的夏季夜晚，当我们睡觉时，周围如果出现蚊子的声音，将会严重影响我们的睡眠。不仅如此，很多蚊子还会传播各式各样的疾病，这些都让我们对这类生物可以说是“恨之入骨”，以致很多人见到蚊子或和蚊子很相似的昆虫，就会“杀之而后快”。然而，虽然蚊子的种类繁多，但真正吸食人血的仅有伊蚊、库蚊、按蚊等物种，而体型硕大的大蚊、在水边集群飞舞的摇蚊等都是不吸食人血的。除此以外，被误会最多的一类不吸血的“蚊子”，便是毛蚊了。它们同样会在春季大量羽化，集群飞舞进行求偶与交配。不仅如此，毛蚊对于环境还有很大的益处，大多数的毛蚊科昆虫幼虫为腐食性，在自然界中扮演着小小分解者的角色。

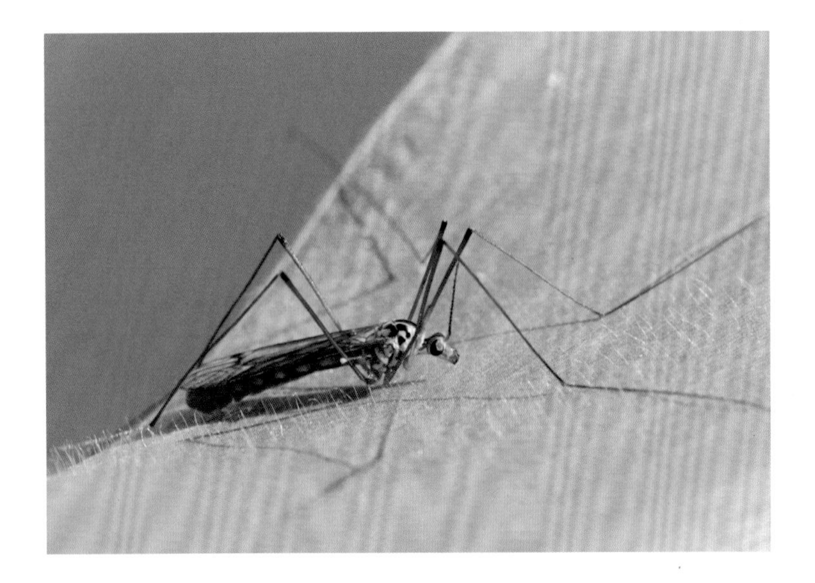

昆虫纲 双翅目 大蚊科

大蚊

Tipulidae

【外形识别】 体型多样，从小至大均有，一般为中大体型。头端部延伸呈喙状结构，口器一般位于此处的末端，较短小甚至退化。触角呈丝状、栉状或锯齿状。中胸背板有一个盾间缝，一般呈“V”形。足十分细长。翅狭长且具有较多的翅脉。腹部较长，且雌虫腹部末端一般较尖。

【生活习性】 常栖息于各类较为阴暗潮湿的环境中。幼虫可分为陆生型、半水生型、水生型，且食性根据不同种类亦有不同，植食性与肉食性均有。成虫活动时间较长，但一般夜间更加活跃，具有很强的趋光性。很多种类在成虫期几乎不取食甚至完全不取食，羽化后迅速寻找配偶进行交配、产卵。一般卵为单产性。雄虫具有求偶行为，会在雌虫前方晃动全身，如跳舞一般吸引雌虫。

【分布地域】 中国各地。

小贴士

体大却不吸血的蚊子

大蚊科昆虫由于形态与常见的吸食人血的伊蚊、库蚊等十分相似，且体型一般较大，故而经常引发很多人的“恐慌”，使其认为如果被这么大的“蚊子”叮咬将会非常恐怖。然而，世界上并没有任何一种大蚊拥有吸食人血的习性，且很多的成虫连取食能力都没有，因此我们完全不需要害怕。另外，大蚊一旦遇到危险，经常会脱落它们又长又细的足，以转移天敌的注意力。

昆虫纲 双翅目 食虫虻科

食虫虻

Asilidae

【外形识别】体型－中型或大型。身体十分粗壮，而且具有较多的毛和鬃，复眼分开较长距离，头顶有一个明显的凹陷。口器发达，较长且十分坚硬。足较为粗壮，上面有丰富的鬃。有些种类会拟态雄蜂。

【生活习性】食虫虻科常栖息于各个海拔的环境中。成虫主要以各种昆虫及其他无脊椎动物为食。它们会将消化液注入猎物的体内。不仅如此，食虫虻科昆虫飞行速度较快，但平时主要喜欢趴伏于植被或地面上，以伺机捕食。

【分布地域】中国各地。

小贴士

送礼物的食虫虻

食虫虻科昆虫的雌虫在交配时会有“弑夫”的行为。因此，雄虫在寻求配偶时，经常会先捕捉一个猎物，当遇到雌虫后将其作为礼物赠送给雌虫，在雌虫取食猎物的时候，伺机进行交配。当然，有些雄虫更为有趣，有观察者称这些雄虫在交配时会先伪造一个如同猎物的礼物，如植物的果实或种子等，将其送给雌虫，但该礼物从外观上和真正的猎物几乎没有区别。这样，雄虫就可以节省猎杀时消耗的体力，从而达到安全与雌虫交配的目的。

小贴士

最危险的昆虫之一

金环胡蜂是一种体型硕大的胡蜂科胡蜂属昆虫。一般来说，胡蜂属昆虫是整个胡蜂科中最为凶猛的类群。一旦不小心招惹到它们，就会遭到非常猛烈的攻击。如果被它们蜇到，甚至还会直接威胁生命。因此，在野外，我们要学会辨认胡蜂属昆虫的巢穴，以保护自身安全。金环胡蜂的巢穴和同为胡蜂科的大部分马蜂属等昆虫的巢穴不同，它们的巢穴外面有一层厚厚的巢壳。换句话说，金环胡蜂巢穴内部的巢室被厚厚的“保护层”覆盖着。如果在野外发现这种蜂巢，切记远离它们，并且缓慢地走过。被蜇伤后，如果出现恶心、目眩等症状，需要立即就医。

昆虫纲 膜翅目 胡蜂科 胡蜂属

金环胡蜂

Vespa mandarinia

【外形识别】体型－大型。头部为橘黄色，比胸部窄一些，但比前胸背板前缘宽。额部及颊部具有较为稀疏的刻点。触角柄节为棕黄色，鞭节为黑色。唇基略隆起，呈橘黄色，上面密布着刻点。上颚基部较宽，近三角形，呈橘黄色。前胸背板中央轻微隆起，肩角明显，其前缘两侧为棕黄色，其余部分为黑色。并胸腹节为黑色，并具有稀疏的刻点。后胸侧板光滑无毛。翅基片为棕色，内缘色暗，光滑。腹部除第 6 腹节背板和腹板为橙黄色外，其余为棕黄色与黑褐色相间排布。有螯针。

【生活习性】常栖息于接近水边的森林、林缘、平原等环境中。异常凶猛。主要捕食各类昆虫及其他小型无脊椎动物。有时也取食成熟的果实等植物性食物。遇到威胁后，会发动进攻，对目标施以螯刺注射毒液，十分危险。

【分布地域】中国吉林、辽宁、河北、北京、山西、陕西、甘肃、浙江、江苏、广东、广西、四川、贵州、云南、台湾等地。

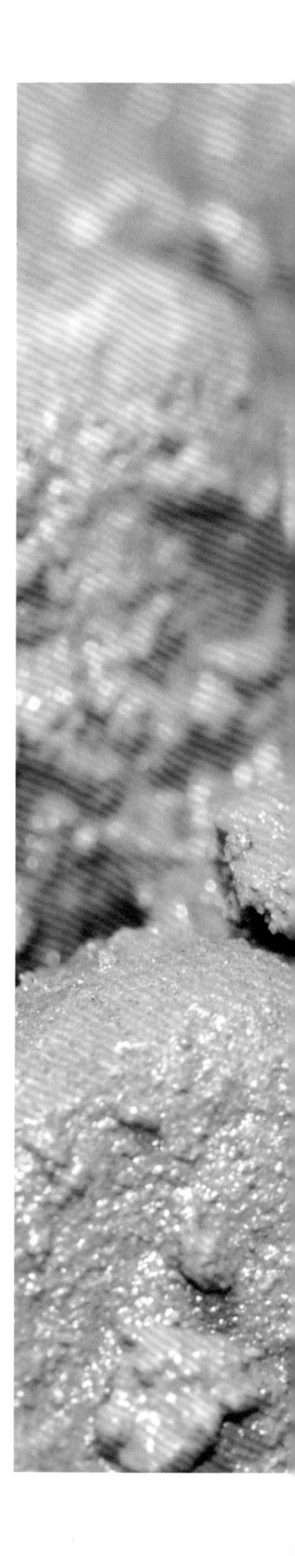

昆虫纲 膜翅目 蜜蜂科 蜜蜂属

大蜜蜂

Apis dorsata

【外形识别】工蜂身体细长。触角柄节及口器为黄褐色，唇基上有稀疏的刻点。头、胸、足及腹部端部的3节均为黑色，基部3节则为橘黄色。翅为黑褐色，有紫色的光泽。体表长着浓密的短毛。头、颜面也有稀疏的灰白色短毛。雄蜂复眼较大，顶端相互连接，呈褐色，胸部则是黑色，并且胸腹节、腹部第1~6节大部分为红褐色。体毛为浅黄色至灰黄色，单眼周围、颊、前足腿节外侧、胸部及腹部第1~2节背板及腹板均长着黄色的长绒毛。

【生活习性】有迁徙性。每年5—8月在高大的树上筑巢繁殖，子代蜂出巢后，喜欢在林间流动。每年9月会迁至较低河谷的岩石处及茂密的灌木丛中，筑巢存储蜂蜜越冬。主要访砂仁、粗叶悬钩子等植物。

【分布地域】中国广西、云南、海南等地。

小贴士

中国本土的蜜蜂

大蜜蜂隶属于膜翅目蜜蜂科蜜蜂属，是一种本土的蜜蜂。由于目前蜂蜜的市场需求量较大，故而大多数蜂农均饲养意大利蜜蜂，同时很多户外养蜂人也以意大利蜜蜂为主要饲养对象。然而，由于意大利蜜蜂在野外采集花蜜，以及使用户外蜂箱等缘故，很多地区的意大利蜜蜂逃逸野外并形成了较为稳定的种群。这对于本土蜜蜂物种的打击非常大。比如大蜜蜂这种本来栖息地就较为狭窄的种群，就非常容易受到大量外来蜜蜂科昆虫的威胁，以致物种数量急剧下降。虽然目前有很多保护区都设立了“禁止随意放蜂”的警示牌，但之前外来蜜蜂造成的影响仍无法得到根本性的恢复。

昆虫纲 膜翅目 蜜蜂科 蜜蜂属

意大利蜜蜂

Apis mellifera

【外形识别】体型 - 中型。全身覆盖黄色或金黄色绒毛。复眼较大，为黑色。有嚼吸式口器。胸部底色为暗棕色。翅透明。工蜂后足为携粉足。腹板几丁质颜色鲜明，第 2～4 腹节背板的前部有黄色环带，腹部第 4 节背板上有中等宽度的绒毛带。

【生活习性】较温顺。蜂群育虫力极强，从早春直至深秋都能保持大面积子脾。分蜂性非常弱。繁殖力强、产量大。蜂巢在遇到入侵时，工蜂会迅速进行攻击。

【分布地域】原产于亚平宁半岛，现分布于中国各地。

小贴士

判断蜂蜜的真假

意大利蜜蜂是我们所食用的蜂蜜的主要生产者。不过目前市场中常常有很多用香精制成的假蜂蜜，误食后会对人体造成或多或少的损伤，因此我们需要有一定的鉴别能力。一般来说，真正的蜂蜜色泽透明，并有少量花粉渣悬浮其中，而且同一瓶蜂蜜的颜色是统一的。当我们将蜂蜜倒置后，真正的蜂蜜由于含水量极低，其中的气泡不会迅速浮到表面。如果用肉眼无法分辨，我们还可以用一根高温的铁丝插入蜂蜜中。真正的蜂蜜冒出的青烟仍具有植物花朵的香味，但若是有香精、白糖掺入的蜂蜜，则会有一股焦煳的味道。另外，若将真正的蜂蜜滴在餐巾纸上，其通常会凝结成球状不散，而假蜂蜜则会迅速扩散蔓延。

昆虫纲 膜翅目 蚁科 蚁属

北京凹头蚁

Formica beijingensis

【外形识别】体型 - 小型。头部为红褐色，上半部分染有黑色斑点，头背部的后缘中部向内凹陷。上颚为橘红色。并胸腹节和结节为橘红色或红褐色，前、中胸背板有黑褐色或褐色斑点。腹部则是黑色。足较长，后足腿节末端长有 1 枚刺。

【生活习性】常栖息于海拔 1000 ~ 2000 米的针叶林、针阔混交林等环境中。主要用松针、云杉等叶片堆积巢穴。巢穴如坟头一般，高度可达 30 ~ 50 厘米。 每个巢内可容纳 8 万余只蚁。以各类昆虫及其他无脊椎动物，甚至小型爬行动物等为食。遇到危险或捕食时，会用蚁酸进行攻击。

【分布地域】中国黑龙江、北京、青海等地。

小贴士

针叶林及针阔混交林下的“统治者”

北京凹头蚁是一种以北京命名的蚁科蚁属物种。这种栖息于海拔 1000 ～ 2000 米的蚂蚁，主要会在针叶林及针阔混交林下建造巢穴。据文献记载，北京凹头蚁是中国北方蚁巢最为密集且最大的物种，甚至在整个中国分布的蚁科物种中都数一数二。这些蚂蚁在捕食猎物和防御时，会利用腹部释放蚁酸。一些纪录片还记录了北京凹头蚁集群围攻蝮蛇等画面。它们各司其职，相互协作，在寒冷的北方山区占有一席之地。

小贴士

不同配色的蚂蚁

红头弓背蚁是一种体型较大的蚂蚁。它们的身体配色让我们对蚂蚁“一身漆黑”的形态有了新的认识。目前，很多昆虫爱好者由于蚂蚁行为的多样性及复杂性，对蚂蚁类群十分痴迷，开始对各种各样的蚂蚁类群进行饲养。而红头弓背蚁便是一种对于初步饲养蚂蚁的人群来说经典的入门级物种。相比于猛蚁亚科等较为原始的蚂蚁，红头弓背蚁的饲养难度较低，且由于其个体很大，我们可以观察到它们很多有趣的行为。当然，也正是因为这种蚂蚁的体型，选用的饲养容器要足够它们正常活动，故一般应较大。

昆虫纲 膜翅目 蚁科 弓背蚁属

红头弓背蚁

Camponotus singularis

【外形识别】体型－中至大型。身体为黑色，头部除上颚、唇基、颊前部等区域为黑色外，其余均为红色。复眼较大，触角的柄节长度超出后头缘2/3左右。身体上密布着直立的丝状长柔毛。体表无光泽，全身都长着粗糙的刻点。结节厚且呈球形，前端比较直立，后端则向前倾斜。足细长。

【生活习性】常栖息于林边或海拔较低地区的树林周围的阴凉环境中，于土中营巢，巢口边常有树枝、杂草等材料组成的鸟巢状堆积物，巢深可达1米左右。平时由小工蚁外出觅食，以蜜露、甜食及小型昆虫尸体等为食。

【分布地域】中国广东、云南等地。

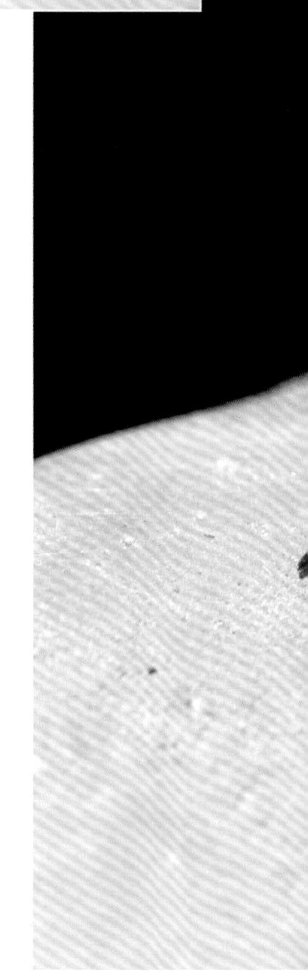

被外来生物威胁的本土蚂蚁

拟光腹弓背蚁是一种在南方地区较为常见的蚁科弓背蚁属物种。它们的单独攻击能力并不强，但可以彼此协作对猎物展开配合性撕咬及搬运等。目前，除了拟光腹弓背蚁以外，在南方还能经常见到一种蚂蚁，名为细足捷蚁。这是一种入侵性蚂蚁，给本土蚂蚁如拟光腹弓背蚁带来了很大的影响。我们经常可以看到拟光腹弓背蚁与细足捷蚁同在一个地点活动，但后者的优势明显远大于前者。这样的入侵性蚁科物种其实还有很多，它们对于本土物种甚至人类生活都产生了不良且难以恢复的影响。

昆虫纲 膜翅目 蚁科 弓背蚁属

拟光腹弓背蚁

Camponotus pseudoirritans

【外形识别】体型 – 中至大型。大型工蚁头部与腹部末端为黑色，部分个体的腹部末端为红褐色，并胸腹节也为红褐色，腹节后缘有 1 条浅黄色窄带。头部较大，触角的柄节较长。全身长着稀疏的毛。结节小，而且具有 6 根对称毛。中、小型工蚁头部较小，后部变窄。足细长。

【生活习性】常栖息于较阴暗隐蔽的地方。喜欢营巢于稀疏林地、草地的土中。巢穴中各种贯通的通道和巢室纵横交错。工蚁于平时在巢穴外觅食，以甜味食物、小型昆虫及其他节肢动物等为食。若遇大型猎物，会合力将其制服肢解，搬回巢中。蚁巢为单蚁后制，成熟巢穴中可有千余只个体。

【分布地域】中国湖南、广东、广西、四川、重庆、贵州、云南等地。

小贴士

山大齿猛蚁的绝技

山大齿猛蚁是一种较为常见的蚁科昆虫。它们拥有巨大的上颚，这个上颚除了用于撕咬猎物外，还会在山大齿猛蚁遇到危险时充当“弹簧”，利用对地面的反作用力将身体弹飞，从而达到快速脱离危险的目的。除此以外，山大齿猛蚁属于较为原始的一类蚂蚁，它们腹部末端有螯针。

昆虫纲 膜翅目 蚁科 大齿猛蚁属

山大齿猛蚁

Odontomachus monticola

【外形识别】上颚、触角和足色较淡。头、并腹胸节和结节毛被缺；足和后腹有一些长立毛；头部偶尔有几根毛。柔毛被很稀且短。头侧较为光亮，具有细密的刻点；上颚和头前部有纵长刻纹；头的后部较为光滑明亮，没有刻纹，部分个体不光滑，但仍具有和前部相通的刻纹。并腹胸节的刻纹较粗；前胸背板的刻纹汇聚，中胸及并胸腹节刻纹呈横形。前足基节和结节有时具有细刻纹；结节和后腹部光亮。两复眼之间宽度大于头后部宽度，头侧中部和后头缘中央具有明显凹陷；上颚具有3个端齿和7~8个小齿。并胸腹节斜面很短。足细长。结节前面向后倾斜，后面则较直，顶端尖并向后弯，形成长刺状。后腹部第1节和第2节间缢缩并不明显。腹部末端有螯针。

【生活习性】喜欢集群在石头、枯叶下栖息。常互相舔舐身体。富有攻击性。

【分布地域】中国河北、北京、上海、浙江、湖北、湖南、四川、台湾、福建、海南、云南等地。

昆虫纲 膜翅目 蚁科 多刺蚁属

双钩多刺蚁

Polyrhachis bihamata

【外形识别】体型－中型。工蚁全身呈棕红色，头部、足腿节和腹部端部为黑色。全身都长着细丝状绒毛和稀疏的直立毛。头部呈卵圆形，后头缘较为圆润，复眼较大。上颚具有微微皱起的刻纹。背板两侧圆且无侧边，前胸背板刺倾斜弯曲，指向后方，呈钩状。中胸背板刺直立，端部指向后方。腹柄结呈圆柱形，顶端形成2枚长刺，基部相互平行，端部向外及下方弯曲。

【生活习性】常栖息于海拔较低且温暖的森林、林缘等环境中。较温和。工蚁常单独或集小群出蚁巢觅食。主要以小型昆虫及无脊椎动物、含糖量较高的食物为食。遇到危险时，工蚁会张开大颚进行攻击，同时辅以蚁酸对目标进行喷射。一般的蚁巢群落可以存在约10余年。

【分布地域】中国浙江、江苏、广东、广西、云南等地。

小贴士

“鱼钩蚁”

双钩多刺蚁是一种体型较大且形态非常具有特点的中国本土蚂蚁类群。它们因身体上的钩子状刺突，也被人们称为“鱼钩蚁”。那么，这些“鱼钩”的作用到底是什么呢？实际上，现在有很多的学者认为，很多动物演化出看似违和的突起或刺状结构，实际上是为了有效地打破生物体轮廓。换句话说，就是让自己看起来并不像一个生物，并且更好地融于环境中，这是一种非常有效的自我防卫方式。双钩多刺蚁生活在生物较为丰富的南方森林地带，这种形态上的改变无疑让它们在林间觅食时被天敌发现的概率大大降低。

黄猄蚁的蚁后

昆虫纲 膜翅目 蚁科 织叶蚁属

黄猄蚁

Oecophylla smaragdina

【外形识别】工蚁有 2 型状，体型差异较大。身体为橙红色。全身都长着短柔毛。上颚较长，前胸背板前部为颈状，中胸缢缩。足细长。雌蚁体型较大，体色为青黄色或淡橙黄色，头较宽，中胸背板异常发达，腹柄缩短。雄蚁身体为黑棕色，全身密布红褐色柔毛。

【生活习性】性暴躁、凶猛，极具攻击性。会用树叶不断卷在一起做成巢，巢大小不一，多建在枝叶较密的树上。喜欢白天活动，对巢附近的生物进行攻击并将尸体拖回巢中。遇见危险时，会将腹部朝前翘起，并张开上颚以示警戒。在自卫时，还会从腹部喷射酸液。

【分布地域】中国广东、广西、福建、云南、海南等地。

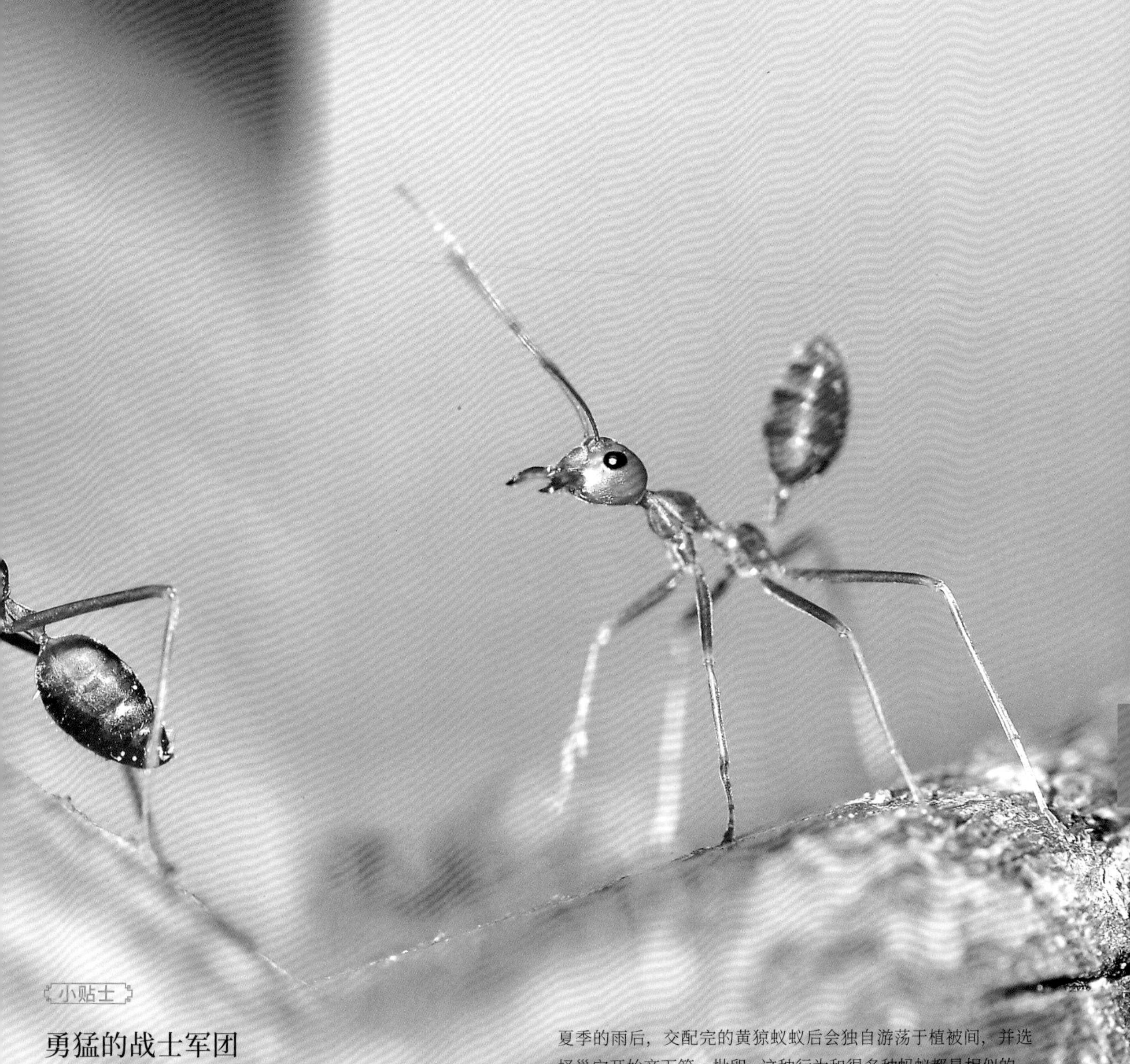

小贴士

勇猛的战士军团

黄猄蚁是一种非常团结且进攻欲望非常强烈的昆虫。虽然身材矮小，即使猎物或者天敌大自己数倍甚至数十倍，黄猄蚁也会勇往直前，奋起进攻！甚至有的时候，黄猄蚁在撕咬对手时被杀死，或者身体被分为数段，其头部仍会紧紧地咬住对手。在夏季的雨后，交配完的黄猄蚁蚁后会独自游荡于植被间，并选择巢穴开始产下第一批卵。这种行为和很多种蚂蚁都是相似的。因此，如果我们想要观察大部分种类的蚂蚁的蚁后，没有必要将整个蚁巢破坏，只要了解它们的“婚飞”时间，并等待一场降雨，就很容易发现它们了。

昆虫纲 膜翅目 蚁科 细长蚁属

红黑细长蚁

Tertaponera rufonigra

【外形识别】体型较大。头部和尾部为黑色，有着较为发达的复眼和橙黄色的触角。胸部为红色，足基节、转节、腿节为黑色，其余大部分为红色。腹部为黑色但具有较为明显的白色条纹，第1结节为红色，腹部末端有螫针。

【生活习性】常栖息于温暖湿润的环境中，于木头上筑巢。较为凶狠，若遇到危险会进行攻击，且攻击能力较强。可以拟态胡蜂或蜘蛛并在其巢穴周围活动。主要为肉食性，工蚁会捕食各类无脊椎动物。

【分布地域】中国河南、广东、福建、云南、海南等地。

小贴士

其实蚂蚁和胡蜂是一家

经常会有人认为，所有昆虫中，最弱势的群体便是我们身边爬来爬去的小蚂蚁。尤其生活在北方的朋友，在小的时候甚至都有过抓蚂蚁的经历。实际上，蚂蚁在昆虫分类中，隶属于胡蜂总科，同样是一种较为危险的小型昆虫。不仅如此，很多蚂蚁腹部末端仍具有像胡蜂一样的螫针，也许是因为北方常见的蚂蚁并没有这一结构，它们才会受到人们的轻视。但就算在北方，猛蚁亚科的成员也是会将人蜇伤的。生活在南方温暖环境中的红黑细长蚁也是一样。如果不小心被它蜇到，会引发较为剧烈的疼痛，有时还会出现红肿，甚至引发过敏等反应。因此，虽然蚂蚁体型非常小，但我们仍然不要轻易地招惹它们。

昆虫纲 膜翅目 蚁科 盾胸切叶蚁属

二色盾胸切叶蚁

Meranoplus bicolor

【外形识别】体型 - 小型。工蚁只有一种形态。身体为锈红色，腹部后端为黑色。全身都长着细而长的立毛，较为柔软。头部、前胸、中胸背板及第 2 结节具有粗糙的刻点。并胸腹节斜面和第 1 结节较为光亮，后腹部则具有光泽。头部有双隆线，复眼位于头侧近后头角处。胸部前侧侧角尖突出，两侧近后部各有一处较深的缺切，缺切后面长着 1 对长刺。并胸腹节基面退化，斜面接近垂直，稍凹，末端具有 1 对尖刺，短于中胸背板后方的刺。第 1 结节侧面呈三角形，较为向后倾斜；第 2 结节则呈凸圆形。

【生活习性】常栖息于海拔较低、植被丰富的环境中。通常于土中营巢，喜欢阴凉且潮湿的环境，巢口常有颗粒状泥土堆积物。较温和。行动较迟缓。主要以植物性食物及动植物碎屑等为食。

【分布地域】中国广东、福建、云南、海南等地。

小贴士

团结力量大

二色盾胸切叶蚁是一种生活在温暖地区的较为常见的蚁科物种。这种小小的蚂蚁以强大的团结协作能力弥补了自己体型较小的劣势。我们常常能看到它们一起搬运比自己身体大数倍甚至数十倍的食物。除此以外，二色盾胸切叶蚁并不喜欢主动进攻，这也使得我们可以靠近它们的巢穴去较近距离地观察它们。当然，如果你不小心将它们的巢穴毁坏，还是有可能遭受这些小家伙的攻击的。

小贴士索引

生活观察图鉴
中国常见
昆虫
观察
图鉴

结束语

生命似一条江，自 38 亿年前徐徐前行，直至今日仍绵延向前……

在漫长的岁月中，有无数璀璨的生灵曾在这颗美丽的蓝色星球上出现，又像流星一般迅速消失。也有众多的幸运儿，翻越高山、跨过丛林，经历了沧海桑田，以自身适应环境的不断演化，行至今天。正是这些生灵，一同构建起了今天的蔚蓝与绚丽，装点了我们所看到的大自然。

昆虫，这些起源于泥盆纪时期的古老物种，告别了海洋中爬行的三叶虫，告别了曾在地球上实施绝对统治的恐龙，告别了冰河时期的剑齿虎和猛犸象，和如今的人类见面。是昆虫，告诉我们生命的智慧；是昆虫，告诉我们来自最渺小身躯的巨大力量；也是昆虫，告诉我们，原来大自然如此曼妙、如此丰富多彩！

溪流旁，体态轻盈的蜻蜓来回飞舞；花丛中，斑斓的蝴蝶与勤劳的蜜蜂争相对着香甜的花蜜大快朵颐；雨林深处，树干上的锹甲与犀金龟正在为了自己的繁衍而大打出手……让我们静下来，去观察、去欣赏、去感受、去思考。昆虫，是每个喜爱自然的人一辈子都不会终结的探索。

放眼整个生物圈，昆虫也是举足轻重的存在：无数的植物等待着昆虫为它们传粉；存在于世界上的生物遗留物，等待着昆虫们去分解；而更多的生物，则是以昆虫作为食物，滋养着世间的万物！

感谢大自然创造了昆虫，让我们每逢晴朗的天气，都可以到户外去感受完全不同的生命魅力。这种最纯粹的乐趣，吸引着一代又一代的人，这是一生的追寻，更是童年的美好回忆！

感谢大自然创造了昆虫，它们为人类的进步带来了数不胜数的灵感：根据蜻蜓翅痣创造出了飞机加固板，以蜂巢为蓝图创造出了坚固且节能的夹层结构板，甚至根据跳蚤创造出了超级高弹橡胶，或是在蜣螂身上找到灵感，发明了便捷且广泛应用于各个家庭的不粘锅……

感谢大自然创造了昆虫，让我们这些昆虫爱好者即使未曾谋面，也早已是无话不谈的知己。正所谓“海内存知己，天涯若比邻”，相信正在阅读本书的各位读者，也终会因昆虫而相遇、相知。也许在未来的某一天，在一片森林之中，同时被蝉声吸引的你我，会相视一笑……

致谢

我要由衷感谢国家动物博物馆副馆长、中国科学院动物研究所博士、副研究员张劲硕老师在百忙中为我的拙作提出宝贵意见并慷慨作序。张劲硕老师无疑是中国自然科学科普界的领军人，他常年致力于自然科学普及与研究工作，其一丝不苟的敬业精神一直深深地影响着我，同时他也对我的科普事业给予了极大的帮助。本次，张劲硕老师的序言更是为本书增光添彩。

想要同时对本书中介绍的每一种昆虫都进行细致的拍摄是一件十分不容易的事情，因此在编写本书的过程中，我得到了我的好友：地球记忆工作室崔世辰先生、苏亮先生、王弋辉先生，海峡书局陈尽先生的极大帮助，他们为本书无私地提供了自己的物种图片和宝贵的意见。在此向他们致以诚挚的谢意。

最后我还要特别感谢我的家人，特别是我的父母和我的妻子。他们是我最坚实的后盾，让我可以在撰写本书的时候心无旁骛。每当工作至疲倦的时候，同样是我的家人给了我无限的能量，让我可以一路前行！

图片

崔世辰：16 页右下蜉蝣图、66 页左上白蚁图、220 页所有图

王弋辉：137 页臭虫图、142 页上方蛇蛉图

苏　亮：181 页石蛾巢图

陈　尽：16 页右蜉蝣图、17 页蜉蝣图、57 页蜻蜓产卵图、66 页右上白蚁图、67 页上白蚁图、85 页右下石蝇稚虫图、86 页全图、151 页全图、179 页右上海芋被啃食图

其余图片均为作者本人拍摄。

参考文献

彩万志，等．普通昆虫学 [M]．北京：中国农业大学出版社，2001.

彩万志，崔建新，刘国卿，等．河南昆虫志 半翅目：异翅亚目 [M]．北京：科学出版社，2017.

陈树椿，何允恒．中国螩目昆虫 [M]．北京：中国林业出版社，2008.

陈一心，马文珍．中国动物志 昆虫纲 第三十五卷：革翅目 [M]．北京：科学出版社，2004.

付新华．故乡的微光：中国萤火虫指南 [M]．长沙：湖南人民出版社，2013.

何俊华，等．浙江蜂类志 [M]．北京：科学出版社，2004.

刘广瑞，章有为，王瑞．中国北方常见金龟子彩色图鉴 [M]．北京：中国林业出版社，1997.

冉浩．蚂蚁之美：进化的奇景．北京：清华大学出版社 [M]，2014.

唐志远，张辰亮，蒋澈，等．我的 1000 位昆虫朋友 [M]．北京：北京联合出版公司，2022.

汪阗．虫行天下：繁盛的六足传说 [M]．北京：清华大学出版社，2019.

韦庚武，张浩淼．蜻蟌之地 [M]．北京：中国林业出版社，2015.

杨定，姚刚，崔维娜．中国蜂虻科志 [M]．北京：中国农业大学出版社，2012.

尹文英，梁爱萍．有关节肢动物分类的几个问题 [J]．动物分类学报，1998(4)：337–341.

袁锋．昆虫分类学 [M]．北京：中国农业出版社，1996.

张浩淼．中国蜻蜓大图鉴 [M]．重庆：重庆大学出版社，2019.

张巍巍．昆虫家谱 [M]．重庆：重庆大学出版社，2014.